Ruzmatov Ergashali Yuldashevich
Tukhtaboeva Feruza Murotovna
Tuychieva Dilfuza Sidikjonovna

ESTRUTURA MORFO-ANATÓMICA DAS FOLHAS, BRÁCTEAS

Ruzmatov Ergashali Yuldashevich
Tukhtaboeva Feruza Murotovna
Tuychieva Dilfuza Sidikjonovna

ESTRUTURA MORFO-ANATÓMICA DAS FOLHAS, BRÁCTEAS

CAULE E RAÍZES DE ALGUMAS ESPÉCIES DO GÉNERO ACANTHOPHYLLUM S.A. MEU É COMUM EM DIFERENTES CONDIÇÕES.

ScienciaScripts

Esta monografia analisa a estrutura morfo-anatómica das folhas de algumas espécies de plantas do género Asanthophyllum C.A.Mey, comuns em diferentes habitats. A morfologia dos pêlos das folhas de 25 espécies de plantas, muitas das quais foram retiradas de 2-4 pontos geográficos da sua área de distribuição, foi estudada para determinar a influência das condições ambientais no tipo, morfologia e extensão do crescimento.

Considera-se a estrutura anatómica da raiz de Acanthophyllum albidum Schischk, que cresce em diferentes regiões do vale de Fergana, e a quantidade de saponina contida na raiz. Quanto maior for o grau de esclerificação do xilema da raiz nas plantas, menor será a quantidade de saponinas presentes. A acumulação de saponinas na raiz está diretamente relacionada com o nível do seu parênquima e, com base nisto, este sinal pode ser utilizado como um método expresso para determinar a quantidade de saponinas na raiz.

São também descritas as formas de vida de algumas espécies do género Acanthophyllum, a sua análise e o desenvolvimento do conceito da sua evolução. Como as observações e os dados da literatura mostraram, as caraterísticas comuns para todos os táxons estudados são sua afinidade com lugares áridos e áridos no sopé, montanhas médias e, com menos frequência, terras altas e estepes arenosas, comportamento amante da luz extremamente alto e um requisito para uma boa aeração. substrato, falta de escamas protetoras de botões; Na maioria dos casos, parte dos botões (os nós superiores) começa a crescer, o resto hiberna, a maioria dos últimos permanece dormente ou morre.

As espécies que estudámos com base no tipo de ramificação e na forma da planta são sec. Turbinaria é um arbusto arbustivo; isto é confirmado pelo tipo lenhoso normal das estruturas do sistema condutor (especialmente xilema) - caule e raiz.

Revisores:

Davidov M.A. - cand. de ciências biol., Professor Associado do Departamento de
Botânica, Biotecnologia e Ecologia Universidade Estatal de
Fergana.
Mamatyusupov A.Sh. - cand. de ciências biol., Professor Associado,
Departamento de
Ecologia e Botânica, Universidade Estatal de Andijan.

Recomendado pelo Conselho da Universidade Estatal de Andijan de Z.M.
Babur pelo protocolo n.º 11 de 30 de abril de 2024.

ÍNDICE DE CONTEÚDOS

ESTRUTURA MORFO-ANATÓMICA DA FOLHA DE ALGUMAS PLANTAS DO GÉNERO ASANTHOPHYLLUM C.A.MEY

E.Yu.Ruzmatov
F.M.Tukhtabaeva
D.S.Tuychieva
Kh.E.Yuldashev

[1]*Doutoramento, Professor Associado do Departamento de Ecologia e Botânica, Universidade Estatal de Andijan.*

[3]*Doutor, Professor do Departamento de Zoologia e Bioquímica. Universidade Estatal de Andijan.*

[4]*Doutor, Professor do Departamento de Zoologia e Bioquímica. Universidade Estatal de Andijan.*

[5]*Estudante da direção biológica. Universidade Estatal de Andijan.*

Endereço de correio eletrónico: eergashali@mail.ru, feruzatuxtaboyeva1971@gmail.com

**IDORCID: https://orcid.org/0000-0002-5292-7292,*

https://orcid.org/0000-0003-4953-5252

Anotação: A estrutura morfológica e anatómica das folhas de algumas espécies de plantas do género Asanthophyllum C.A. Mey que vivem em diferentes habitats foi estudada e analisada. Estudámos a morfologia dos pêlos foliares de 25 espécies de plantas, muitas das quais foram retiradas de 2-4 pontos geográficos da sua área de distribuição, com o objetivo de determinar a influência das condições ambientais no tipo, morfologia e grau de queda.

Como resultado da pesquisa, foram feitas as seguintes conclusões: nas espécies A korshinskyi, A. borsezowii, A. elatius, A. cyrtostegium comuns em desertos e sec. Turbinaria - formam-se folhas nuas em Kopetdag, que as folhas de A. albidum, A. subglabrum, A. tenuifolium, A. stenostegium, A. adenophorum, A. krascheninikovii, A. brewibracteatum, A. aculeatum, A. borsezowii, A. serawchanicum, A.coloratum, A. jarmolenkii são pubescentes apenas com pêlos simples, e em A. pungens, A.lilacinum, A.pulchrum, A.korolkovii as folhas são pubescentes com pêlos e tricomas simples e glandulares. As diferenças apresentadas pelas plantas estão associadas às condições ecológicas do local de crescimento.

Palavras-chave: género, família, espécie, tipo, distribuição, morfologia, anatomia, folha, pêlos, picnófila, esclerófila, suculenta, epiderme, esclerênquima, tricoma.

Cada estrutura reflecte não só a adaptação às condições do habitat moderno, mas também a história da formação do táxon, o seu passado [1]. Uma das caraterísticas adaptativas da folha é a redução de tamanho, que é efectuada não só devido ao seu comprimento, mas principalmente devido a uma diminuição da superfície evaporativa da folha, o que é especialmente caraterístico das folhas dos taxa que estudámos. Como V.K. Vasilevskaya [8], a diferenciação rápida dos tecidos foliares com um período curto (15-25 dias) e o crescimento lento é uma caraterística das xerófitas. Nos nossos objectos, embora mantendo folhas bastante longas, a parte fotossintética do mesofilo - clorênquima e, consequentemente, o número de feixes vasculares diminuiu no processo de evolução: de 6-7 na base da folha para um no seu topo. Traço da folha: um tufo, uma lacuna.

Conforme referido, V.K. Vasilevskaya, A.A. Butnik, Yu.V. Gamaley, Yu.V. Gamalei e Ts. Shiirevdamba [10], a adaptação às condições áridas é efectuada de três formas principais - picnomórfica, escleromórfica e suculenta. As duas últimas foram apontadas por A.F. Schimper, O.A. Walter, V.K. Vasilevskaya [3,11,12] e muitos outros botânicos. Em folhas com uma lâmina mais ou menos desenvolvida, é descrito um tipo picnofílico, que Yu.V. Gameley e Sh. Shiirevdamba [10] combinam com escleromórfico.

Como corretamente considerado, A.A. Butnik et al. [13] apresentam uma diferença fundamental entre os grupos picnófilos (gr. picno - denso, esclerófilo (gr. sclero - duro) e suculentos (lat. Succos - suculento). A terminologia destes três grupos é ambígua em termos de etimologia. Na sua opinião, as espécies picnofílicas têm uma lâmina foliar mais ou menos desenvolvida, vários tipos de dispositivos de proteção que reduzem a transpiração (pubescentes, estomas submersos, paredes exteriores espessadas, mais frequentemente um tipo de mesofilo isolateral-palisado). O termo "esclerofila" (sclerophylly) foi proposto por A.F. Schimper, que as definiu como plantas com folhas duras, em contraste com as suculentas e xerófitas de folhas pequenas - plantas picnófilas de acordo com A. Butnik.

VC. Vasilevskaya e G. Seddon [12] notaram a caraterização insuficientemente clara do tipo ecológico dos esclerófitos. Seguindo A.A. Butnik et al. [13], pensamos que o critério para o tipo esclerófilo pode ser uma bainha esclerenquimática de origem procambial, rodeando as nervuras laterais principais e mais ou menos grandes e ocupando frequentemente uma grande área da folha, embora as folhas escleromórficas nas primeiras fases de postura sejam formadas da mesma forma que as suculentas. Nelas se estabelece um cordão procambial mais potente, a partir do qual, já na fase de folha, com 1-1,5 mm de comprimento, se inicia a formação do esclerênquima das bainhas.

A estrutura da folha do tipo escleromórfico está adaptada a uma evaporação reduzida a nível celular devido ao desenvolvimento de caraterísticas protectoras da folha: omissão, espessamento das paredes exteriores e mesmo interiores das células epidérmicas e forte esclerificação, presença de uma bainha de esclerênquima altamente desenvolvida de origem procambial, colênquima nos cantos da folha (o último entre os taxa estudados está presente apenas em representantes do género monotípico Drypis).

O tecido de assimilação da folha dos táxons estudados ocupa até 70% da área da secção transversal da folha, dependendo do táxon. Segundo Butnick et al. [13], o grau de esclerificação depende pouco das condições ambientais do que o grau de esclerificação das picnofilas.

As espécies estudadas estão confinadas principalmente ao habitat com substratos pedregosos, rubros, cascalhosos e de terra fina das encostas das montanhas da Ásia Central - Pamir-Alay, Tien Shan, Kopetdag e Karakums arenosos, Kyzylkum, Muyunkums, etc. As folhas escleromórficas são, sem dúvida, uma estrutura evolutivamente mais antiga [13].

Tais caraterísticas protectoras da folha, como a pubescência e a cutícula, não têm um valor predominantemente adaptativo, o que foi observado por Yu.V. Gamalei e Ts. Shiirevdamba [10] em plantas do deserto de Gobi. No entanto, como evidenciado pelos dados apresentados, a densidade e os tipos de pêlos nos objectos estudados, com algumas excepções, estão associados às condições ambientais do local de crescimento.

As células da epiderme da folha em secção transversal são tangencialmente oblongas ou ovais, menos frequentemente - quadradas ou arredondadas. As folhas de todos os taxa estudados são anfistomatosas, os estomas na maioria das espécies estão ligeiramente abaixo do nível, ou ao nível da epiderme. Diferentes tipos de estomas ocorrem num dos lados da folha, embora predomine o tipo diacítico.

Durante muito tempo, os investigadores acreditaram que não só as espécies, mas também os taxa maiores são caracterizados por um tipo específico de estomas, no entanto, nos trabalhos de E.A. Miroslavova, J.A. Inamdar, J.A. Inamdar, M. Gangadhara, P.G. Morge, R.M. Patel [7] mostraram que também notaram a presença na fam. Chenopodiaceae tipos de estomas anomocíticos e paracíticos. Nas espécies da família Chenopodiaceae estudadas por A.A. Butnik et al. [13], predominam os tipos anomocíticos hemiparacíticos e paracíticos. Os autores atribuem a predominância de estomas anomocíticos nas folhas a tipos de mesofilo menos especializados.

Até à data, não existe consenso na literatura mundial sobre as funções dos pêlos nas plantas. Alguns investigadores [5] atribuem a sua presença a um regime de humidade rigoroso e acreditam que a principal função dos pêlos é proteger as plantas da transpiração excessiva, outros [6]. Pelo contrário, este facto com um clima quente e húmido, terceiro [5] - com uma radiação solar intensa e, finalmente, quarto [16] indicam a sua importância e a resistência das plantas contra os agentes patogénicos e as pragas de insectos. A ambiguidade dos juízos e dos pontos de vista sobre a pubescência é prova da complexidade da questão e exige, pelo menos, uma breve reflexão sobre as possíveis correlações entre os pêlos e os factores ambientais.

A literatura científica sabe que, em muitos casos, os pêlos reduzem a transpiração. A camada de pêlos mortos, especialmente em espécies densamente pubescentes, reduz significativamente a velocidade do movimento do ar na superfície da folha e leva à estabilidade da camada limite, em oposição à resistência da ostra à evaporação [17]. Segundo Johnson [17], nalguns casos, a pubescência diminui a transpiração, enquanto noutros, pelo contrário, a aumenta, participando nela como uma superfície de transpiração adicional. No entanto, o investigador não indica se as células pilosas estavam vivas ou mortas durante o estudo das plantas.

Gaberland [18], tendo medido a transpiração numa folha fortemente pubescente de Stachis lanata com pêlos removidos e não removidos da parte inferior, mostrou que a folha pubescente reduz a transpiração. Alguns outros autores [19] também chegaram à mesma conclusão como resultado das experiências.

As plantas de muitas regiões secas e desérticas têm folhas branco-acinzentadas. Esta cor deve-se à presença de numerosos pêlos, cujas cavidades estão cheias de ar, pelo que as suas células estão mortas. Shull 1929 [20], trabalhando com radiação de ondas curtas (430-700 nm), mostrou que uma camada espessa de pêlos brancos na superfície inferior da folha de Populus alba reflecte até 50% da energia da radiação, enquanto as folhas sem pêlos de outras espécies reflectem 10-20%. Billings e Morris [21] efectuaram experiências semelhantes (mas a 400-1100 nm) e também mostraram uma reflexão relativamente elevada da radiação por plantas do deserto densamente pubescentes na gama de 400-700 nm, embora haja mutilações. A reflexão de raios de comprimento de onda longo (infravermelhos) por plantas púberes e não púberes é variável [22].

A importância da omissão na proteção das plantas contra as pragas de insectos é inegável, embora em algumas plantas a pubescência, pelo contrário, atraia insectos e promova a sua reprodução. As folhas das árvores das florestas de folha caduca da América do Norte são extremamente densamente peludas quando jovens, constituindo quase 50% do seu peso seco. Este facto torna a folhagem invulnerável ao escaravelho da casca, cujo período de surto de reprodução coincide com a fase de floração das folhas.

Este fenómeno na relação entre a pubescência e as pragas N.V. Jomson [23] considera-o como uma evolução acoplada.

Tentámos, na medida do possível, estudar a pubescência foliar nas plantas, para cada espécie, de vários pontos da sua área de distribuição. Infelizmente, para algumas espécies, devido à falta de material, os espécimes de herbário estudados são de apenas um ponto da sua área de distribuição.

De acordo com a presença ou ausência de tricomas na folha, as espécies estudadas de r. Asanthophyllum são divididas em 2 grupos: em A. korshinskyi, A. elatius, A. cyrtostegium, A. mucronatum, A. microcephalum, independentemente do seu habitat, as folhas estão nuas, por vezes apenas se encontram pequenas protuberâncias papilares. Noutras espécies, as folhas são pubescentes com tricomas de vários tipos, densidade e tamanho, dependendo do ponto de distribuição geográfica (Quadro 1).

Uma vez que o Acanthophyllum, o principal objeto do nosso estudo, é o maior género entre os taxa estudados em termos de número de espécies estudadas, vamos debruçai-nos sobre ele com mais pormenor.

As folhas deste género são linear-estilóides ou linear-agulhadas, rigidamente triédricas - menos frequentemente linear-lanceoladas, não espinhosas (A. korolkovii, A. coloratum) com um ápice octogonalmente espinhoso.

As folhas mais longas (4-8 cm) têm A.stenostegium. longas (4-6 cm) - A.korshinskyi e A. tenuifolium, comprimento médio (2-4,5 cm) - A. surtostegium, A. pungens, A. albidum, A. lilacainum, A. subgiabrum, A. glandulosum e A. korolkovii. Outras espécies têm folhas mais ou menos curtas (0,5 -2,5 cm).

As folhas de A. korolkowii têm a maior largura (5-10 mm), enquanto A. eletius tem folhas de largura média (3-6 mm). As restantes folhas são muito estreitas e a sua largura é da ordem dos 0,5-2 mm.

As folhas dos representantes do género são subuladas, em forma de agulha, raramente lanceoladas, espinhosas, apenas em duas espécies as folhas são uma exceção - A. korolkovii com um ápice rombudo, não espinhoso, em A. elatius o topo da folha, embora afiado, mas não espinhoso, o que difere nitidamente de outros membros do género.

Na taxonomia vegetal, a estrutura e a distribuição dos crescimentos epidérmicos são de grande importância para o diagnóstico [17]. Se a densidade da pubescência pode variar significativamente em função da fase de desenvolvimento e das condições ecológicas dos locais de crescimento, então o tipo e a forma dos pêlos são determinados geneticamente e são menos afectados pelo ambiente. Por conseguinte, são uma caraterística taxonómica bastante fiável [23], que estudou a estrutura anatómica da folha em algumas espécies de Acanthophyllum, salienta que as suas folhas são cones pubescentes de um-dois, menos frequentemente de três-quatro células, apenas em A.elatius estão nuas.

T.A. Madumarov e V.M. Shmidt [24], que estudaram a estrutura anatómica dos órgãos foliares de 8 espécies de espinhos, mostraram a presença de tricomas glandulares e simples na sua pubescência. Infelizmente, os dados destes autores referem-se a espécies retiradas de apenas um ponto da sua área de distribuição para cada espécie. Por conseguinte, é difícil avaliar a influência de várias condições ambientais dentro da área de distribuição da espécie no desenvolvimento da pubescência (Quadro 1).

Estudámos a morfologia dos pêlos foliares de 25 espécies de plantas, muitas das quais foram retiradas de 2-4 pontos geográficos da sua área de distribuição, com o objetivo de determinar a influência das condições ambientais no tipo, morfologia e grau de queda.

Secção Oligosperma. A.punqens. A morfologia dos pêlos foi estudada em plantas retiradas de 4 pontos da sua área de distribuição: o vale Kaldzhar do Cazaquistão Oriental, a encosta sudoeste do Dzhungar Alatau, o vale do rio. Surkhadarya e arredores de Baysun (1200-1300 m acima do nível do mar).

As folhas das plantas do Cazaquistão Oriental são pubescentes com pêlos curtos (80-90 microns), simples e de densidade média (90-120 por mm2), misturados com pêlos glandulares relativamente raros (20-25 por 1 mm2 e os mesmos pêlos glandulares curtos de forma capitato-pedunculada. Deve sublinhar-se que, apesar do número relativamente elevado de pêlos por unidade de superfície devido ao seu pequeno comprimento, os pêlos pubescentes têm um aspeto esparso. pubescente de densidade média (100 por 1 mm2) com pêlos unicelulares simples extremamente curtos (15-50 microns) de diâmetro estreito a largo.Na distribuição desta espécie no Dzungarian Alatau (1800-2600 m acima do nível do mar) desenvolveu-se vegetação de estepe montanhosa, zona de estepe de floresta-prado das montanhas médias [quinze]. Estes locais são mais ou menos adequadamente abastecidos de humidade, o que provoca a queda das folhas com pêlos unicelulares simples e curtos e pêlos glandulares muito esparsos.

Os espécimes de herbário da bacia do rio. Assy, bem como os arredores de Ak-Kul do Cazaquistão do Sul, são pubescentes com epiderme relativamente densa (130 por 1 mm2) na parte superior e quase 2 vezes menos (70-80 por 1 mm2) - epiderme inferior, mas mais longa (100-400 mícrons) 2- Pêlos simples de 4 células, a maioria dos quais (especialmente na parte superior da folha) são constritos. O desenvolvimento de pêlos relativamente longos, que formam um revestimento de densidade média da superfície da folha, especialmente na face superior, deve-se às condições mais xerófilas da zona e à insolação (encostas meridionais do Karatau). Esta situação explica-se pelo facto de as correntes de ar húmido ocidentais, que não se detêm nas montanhas baixas, penetrarem muito nas montanhas, que estão bloqueadas a leste pelas maiores alturas montanhosas (Fergana e outras cadeias). Consequentemente, a precipitação é escassa ao longo do ano.

Classificação dos valores dos sinais da estrutura da folha

1.	A espessura da lâmina foliar, mkm	Extremamente espesso	Mais 350
		Muito espesso	200-350
		Espesso	200-250
		Moderadamente espesso	150-200
		Fino	100-150
		Muito fino	50-100
2.	Pubescente, número de pêlos por 1 mm²	Muito espesso	40-50
		Densa	30-39
		Moderadamente espesso	20-29
		Raro	10-19
3.	Número de estomas por 1 1 mm²	Os mais numerosos	Mais 450
		Extremamente numerosos	350-400
		Muitos	300-350
		Muitos	250-300
		Moderadamente muito	200-250
		Poucos	150-200
		Muito pouco	100-150
4.	O número de células epidérmicas por 1 mm²	Célula extremamente pequena	1440-1540
		Célula pequena	1340-1140
		Células moderadamente pequenas	1140-1240
		Célula grande	1040-1240
		Células moderadamente pequenas	940-1040
		Célula muito grande	840-940
		Célula extremamente grande	740-840
		A maior célula	640-740

Nas plantas obtidas nas proximidades de Baysun (Hissars Range), como no Cazaquistão Oriental, as folhas são densamente (120-190 por 1 mm²) pubescentes com pêlos cerdosos simples simples celulares curtos (60-70 mícrons) 1-2, misturados com o mesmo glandular capitado curto . Apesar do desenvolvimento de um grande número de pêlos, devido ao seu pequeno comprimento, eles não perdem um revestimento percetível, e a superfície da folha permanece quase nua. A razão para este fenómeno é, naturalmente, a presença de uma quantidade suficiente de precipitação, pelo que nas encostas meridionais da cordilheira de Gissar, onde se situam as montanhas Boysun, caem anualmente até 500-800 mm de precipitação, a maior parte da qual cai em fevereiro-maio [25].

As folhas das plantas da encosta norte desta crista são mais densamente pubescentes com pêlos simples, relativamente longos (130-170 microns) de 1-2 células.

A localização das células epidérmicas em todos os espécimes estudados é ligeiramente ordenada, as paredes celulares são sinuosas, com exceção das células da epiderme inferior - claramente ordenadas, as células são estreitas, alongadas ao longo do eixo longo da folha.

A epiderme foliar das plantas da vizinhança de Baysun, do vale de Kaldzhar do Cazaquistão Oriental e das encostas meridionais do Dzungarian Alatau tem células muito pequenas (1360-1430 por 1 mm2), da depressão de Balkhash-Alakul tem células moderadamente grandes (950-1000), os estomas de todos os espécimes nos pólos têm um espessamento em forma de T. Cerca de 20% dos estomas são anomocíticos, cerca de 80% são diacíticos. É de notar que a maioria dos estomas da epiderme foliar inferior das plantas da depressão de Balkhash-Alakul estão rodeados por 4 células - duas polares e duas laterais, semelhantes aos estomas das monocotiledóneas, um sinal de deslocação. Há uma grande quantidade de estomas (280-350 por 1mm2).

O mesofilo de uma folha dos esporões nordestinos do Dzungarian Alatau é mais ou menos reduzido e constitui cerca de 30-35% da área da secção transversal da folha, o resto são feixes vasculares com esclerênquima. O mesofilo nas asas é uma estrutura isopalisada, constituída por 2-6 filas de células paliçadas curtas densamente dispostas. No lado abaxial da folha, o clorênquima sob a epiderme é de 1 camada, suas células são tangencialmente salientes e menores que as células da epiderme. O sistema condutor no meio da folha é 3-fascicular-mediano com uma bainha de esclerênquima fortemente desenvolvida e 2 pequenas laterais com esclerênquima na face abaxial.

Nas plantas da depressão Balkhash-Alakul (Southern Betpakdada) de Kyzylkum, Karakum, as folhas são maiores do que nas plantas do Dzhurgan Allatau, sem asas perceptíveis, as próprias plantas têm forma de almofada (hemisférica). O sistema condutor da parte média da folha consiste em 5 feixes - um grande mediano e 4 laterais (laterais), dispostos verticalmente (um acima do outro) em dois. A sua área total com tecido mecânico é de 40-50% da área da secção transversal da folha. O resto - 50-60% é clorênquima, formado por 4-5 camadas de células paliçadas, as camadas mais internas, que são relativamente mais pequenas do que as externas.

A. lilacin. Estudámos plantas de dois locais nas encostas secas do Kopetdag Central (Sulukli) e nas encostas rochosas da cordilheira do Turquestão. Nas plantas do Kopetdag, as folhas são pubescentes com numerosos (220-270 por 1 mm 2) (de 5 a 120 microns de comprimento) pêlos simples 1-3 celulares misturados com um pequeno número dos mesmos pêlos glandulares curtos e capitados. Assim, as folhas pubescentes desta espécie são semelhantes às dos representantes das espécies anteriores, mas diferem acentuadamente da primeira na morfologia: os pêlos simples são de paredes muito finas, ligeiramente encaracolados. Entre eles há muitos constritos, na maioria deles a célula de tricotar é vesiculada-expandida, o terminal estreito em forma de agulha.

As folhas dos espécimes de plantas das encostas sul e sudoeste da cordilheira do Turquestão são densamente pubescentes (210 por 1 mm2) com pêlos simples de 2-5 células, longos e de paredes espessas. São cilíndricos e cónicos, que, entrelaçados entre si, formam um revestimento relativamente espesso. Como observam N.A. Gvozdetsky e Yu.N. Golubchikov [4], nas montanhas do sistema Gissar-Alai, um fator importante na diferenciação da paisagem é a influência da exposição da encosta, que se manifesta bem precisamente nas encostas setentrionais da cordilheira do Turquestão (bem como de Altai). Na sua vertente norte crescem belas florestas de zimbro. A encosta meridional é extremamente pobre em vegetação, as rochas nuas e o cascalho estão cobertos por um bronzeado escuro do deserto. Isto indica que nas encostas meridionais desta cordilheira, onde crescem as plantas estudadas, há uma pequena quantidade de precipitação, e uma espessa cobertura peluda, como se sabe, serve como uma proteção fiável tanto da evaporação excessiva como da radiação solar. Este facto é também evidenciado pela sua forma de crescimento semi rastejante.

A epiderme tem células extremamente grandes (800-900 por 1 mm2, a disposição das células é pouco ordenada, os contornos das paredes celulares são finamente ondulados, as células são ligeiramente oblongas ao longo do eixo longo da folha. Há um número moderado de estomas (210-230 por 1 mm2), 20-25% anisocíticos, por vezes há estomas anomocíticos separados.

Assim, do que precede, podem ser extraídas as seguintes conclusões:
- As espécies A korshinskyi, A. borsezowii, A. elatius, A. cyrtostegium são comuns em desertos e sec. Turbinaria - em Kopetdag forma-se uma folhagem nua.
- As folhas de A. albidum, A. subglabrum, A. tenuifolium, A. stenostegium, A. adenophorum, A. krascheninikovii, A. brewibracteatum, A. aculeatum, A. borsezowii, A. serawchanicum, A. coloratum, A. jarmolenkii são pubescentes apenas com pêlos simples.
- A. pungens, A.lilacinum, A.pulchrum, A.korolkovii têm folhas pubescentes com pêlos simples e glandulares e tricomas.

Referências:

1. Коровин Е.П. Биологические формы и потребности в воде растителых видов аридной зоны Труды САГУ. Отд.биол.наук -1958.Т.32. -С.79-96.

2. Мирославова Е.А. Структура и функции епидермиса листа семенных растений, - Л, Наука, 1974, -120 е.

3. Scimper A.F Plansen geografik auf Physiologiche Grundlage. Jena. 1935.

4. Гвоздецкий Н.А., Глубчиков Ю.Н Природа мира горы 1987 - с.169-259.

5. Мадумаров Т.А., Дариев А.С. Анатомическое строение листьев видов Acanthophyllum C.A.Mey и Allochrusa Bunge (Caryophyllaceae Juss) // Узб. биол. журн. - Ташкент. 1987. - №6. - С. 35-38.

6. McMillan C. Diferenciação ecotípica em quatro gramíneas pradarias não americanas,I.   Variação morfológica em fracções de comunidades transplantadas.// Amer. J.Bot. 1964.V.51.1119-1128.

7. Inamdar J.A., Gangadhara M., Morge P.G., Patel R.M.Epidermal structure and ontogeny of stomata in some centrospermae// Fedders Rep. 1977.v.88.№ 7.-P.465.

8 Василевская В.К.Формирование листа засухоустойчивых растений - Ашхабад: Изд-во АН Турк ССР;1954-182с.

9. Василевская В.К. Бутник А.А.Типы анатомического строение листьев двуддольных (к методике анотомического описания) /Бот.журн.1981. Т.66.№7 -С.992-1001.

10. Гамалей Ю.В, Шийрэвдамба Ц.Структура растений пустыни Залайской Гоби.-Л..Наука. 1988, - С.44-106.

11. Вальтер. О.А.Чижевская З.А Парактиум по анатоми растении растений.-М.-Л. Сельхозгосиздат,1939.-248 с.

12. Василевская В.К Анатомо- морфологически особености растений холодных и жарких пустынь Средней Азии// Уч зап. ЛГУ Сер.биол.1940.Т.62. № 14 - С.48-158.

13. Бутник А.А; Жапакова У.Н Семество Amaranthecea//Сравнительная анатомия семян.Т.З. Двудольнье - Л, 1991. С. 74-77.

14. Гвоздеский Н.А; Природа мира Горы.1987.-С.169-209.

15. Гвоздеский Н.А, Николаев В.А Казахстан,- М, 1978.-С154-165.

16. Дариев А.С. Морфология листа хлопчатника и его устойчивость к Tetranychus urticae и Aphis gossypii//Узб. Био. Журн. 1979. №1. -С.45-49

17. Johnson N.B. Piant pubescens: uma perspetiva ecológica. 1975.

18. Haberland G.P. Phisiological pland anatomy.//- Londres. 1914.V.15.-560p.

19. Hendrycy K. The effect of trihotomis on transpization and uptake in Verbascum Thapsus L.//Bios. 1967. V.39.-P. 21-26.

20. Shull C.A. A spectrophotometric study of reflection of light from leaf surfaces.// Bot.Gar. 1929.V.87.-P.1108-1110.

21. Billings W.D. e Morris R.J. Reflexão da radiação visível e intrared de folhas de diferentes grupos ecológicos.// Amer.J.Bot.1951.V.38.-P.327-331.

22. Wong C.L. Blevin W.R. Ontrared reflectance of plant leaves // Austr.J.Biol.Sci.1966.V.20.-P.501.

23. Турсунов Ж.Ю. Антэкология и эмбриология сапониноносных гвоздичных Средней Азии.// - Ташкент: Фан, 1988. - 200 с.

24. Мадумаров Т.А., Шмидт В.М. Анатомо-морфологические признаки листа и цветка некоторых видов родов *Acanthophyllum* C.A. Mey. и *Allochrusa* Bunge в связи с их систематикой //Вестник ЛГУ.- Ленинград, 1988. - № 10 (2). - С. 29-37.

25. Станюкович К.В. Растительность гор СССР.//-Душанбе;Дониш,1973.-С.220-251;299-351.

Estrutura morfo-anatómica da folha e brácteas de algumas plantas do género Acanthophyllum C.A. Mey

Anotação. Foi estudada e analisada a estrutura morfológica e anatómica das folhas de algumas espécies de plantas do género Asanthophyllum C.A. Mey que vivem em diferentes habitats. Estudámos a morfologia dos pêlos foliares de 25 espécies de plantas, muitas das quais foram retiradas de 2-4 pontos geográficos da sua área de distribuição, com o objetivo de determinar a influência das condições ambientais no tipo, morfologia e grau de queda.

Como resultado da pesquisa, foram feitas as seguintes conclusões: nas espécies A korshinskyi, A. borsezowii, A. elatius, A. cyrtostegium comuns em desertos e sec. Turbinaria - formam-se folhas nuas em Kopetdag, que as folhas de A. albidum, A. subglabrum, A. tenuifolium, A. stenostegium, A. adenophorum, A. krascheninikovii, A. brewibracteatum, A. aculeatum, A. borsezowii, A. serawchanicum, A.coloratum, A. jarmolenkii são pubescentes apenas com pêlos simples, e em A. pungens, A.lilacinum, A.pulchrum, A.korolkovii as folhas são pubescentes com pêlos e tricomas simples e glandulares. As diferenças apresentadas pelas plantas estão associadas às condições ecológicas do local de crescimento.

Palavras-chave: Género, família, espécie, tipo, distribuição, morfologia, anatomia, folha, pêlos, picnófila, esclerófila, suculenta, epiderme, esclerênquima, tricoma.

Uma das caraterísticas adaptativas da folha é a redução do tamanho, que se realiza não só devido ao seu comprimento, mas também principalmente devido a uma diminuição da superfície evaporativa da folha, o que é especialmente caraterístico (Ruzmatov *et al.* 2022; Duschanova *et al.* 2023) das folhas (Albert, S & Sharma, B. 2013) dos táxons (Hong *et al.* 2018) que estudamos. Como V.K. Vasilevskaya (1965), a rápida diferenciação dos tecidos foliares com um curto período (15-25 dias) e o crescimento lento é uma caraterística (Zoric *et al.* 2012; Duschanova *et al.* 2023) das xerófitas. Nos nossos objectos, embora mantendo folhas bastante longas, a parte fotossintética do mesofilo - clorênquima e, consequentemente, o número de feixes vasculares diminuiu no processo de evolução (Nurmahanova *et al.* 2023): de 6-7 na base da folha para um no seu topo. O traço da folha é mono-tufado, mono-lacunar.

A.A.Butnik et al. (2009) consideram que os grupos *picnófilo* (gr. picno - denso), *esclerófilo* (gr. sclero - duro), suculento (lat. Succos - suculento) têm uma diferença fundamental. A terminologia destes três grupos é ambígua em termos de etimologia. O termo "suculentas" é geralmente aceite, pelo que os autores não o alteraram. Na sua opinião, as espécies picnófilas têm uma lâmina foliar mais ou menos desenvolvida, vários tipos de adaptações protectoras que reduzem a transpiração (estomas pubescentes, submersos (Ruzmatov *et al.* 2022), paredes exteriores espessadas, mais frequentemente e um tipo de mesofilo isolateral-palisado). A nervura central, por vezes lateral, pode ser esclerificada por espessamento do parênquima do floema. Os sinais de xeromorfismo listados também possuem esclerófilos. O termo "esclerofila" (*sclerophylly*) foi proposto por A.F.Schimper, que as definiu como plantas (Ariano *et al.* 2023) com folhas duras, em contraste com as suculentas e xerófitas de folhas pequenas - plantas picnófilas de acordo com A. A. Butnik et al. (2009).

V.K.Vasilevskaya (1965) e S.Ghaffari, (2004) notaram a caraterização insuficientemente clara (6) do tipo ecológico dos esclerófitos. Nós, seguindo A.A. Butnik et al. (2009), consideramos que o critério para o tipo esclerófilo pode ser a bainha esclerenquimática de origem procambial, rodeando as nervuras principais e as nervuras laterais mais ou menos grandes e ocupando frequentemente uma grande área da folha (Takada, Sh & Iida, H. 2014), embora as folhas escleromórficas nos primeiros estádios de iniciação se formem da mesma forma que as suculentas.

As células da epiderme da folha (Duschanova et al. 2023) em secção transversal são tangencialmente oblongas ou ovais, menos frequentemente - quadradas ou arredondadas. As folhas de todos os taxa estudados (Abe et al. 2003) são *Anfistomatosas* os estomas (Ruzmatov et al. 2022) na maioria das espécies (Pirani et al. 2013) estão ligeiramente abaixo do nível, ou ao nível da epiderme (Basiri Esfahani et al. 2011). Diferentes tipos de estomas ocorrem num dos lados da folha, embora predomine o tipo diacítico.

Revisão da literatura: Durante muito tempo, os investigadores acreditaram que não só as espécies, mas também os taxa maiores são caracterizados por um tipo específico de estomas (Lacaille-Dubois et al. 2010), no entanto, nos trabalhos de E.A.Miroslavova, J.A.Inamdar, M.Gangadhara, P.G.Morge, R.M.Patel mostraram que também notaram a presença na fam. Chenopodiaceae tipos de estomas anomocíticos e paracíticos. Nas espécies da família *Chenopodiaceae* estudadas por A.A. Butnik et al. (2009), predominam os tipos anomocíticos hemiparacíticos e paracíticos. Os autores atribuem a predominância de estomas anomocíticos nas folhas a tipos de mesofilo menos especializados.

T.A.Madumarov (2005), que estudou a estrutura anatómica dos órgãos foliares de oito espécies (Albert, S & Sharma, B. 2013) de espinhos, mostrou a presença de tricomas glandulares e simples na sua pubescência. Infelizmente, os dados destes autores referem-se a espécies retiradas de apenas um ponto da sua área de distribuição para cada espécie. Por conseguinte, é difícil avaliar a influência de várias condições ambientais dentro da área de distribuição da espécie no desenvolvimento da pubescência.

Materiais e métodos. Estudámos a morfologia dos pêlos foliares de 25 espécies de plantas, muitas das quais foram retiradas de 2-4 pontos geográficos da sua área de distribuição, com o objetivo de determinar a influência das condições ambientais no tipo, morfologia e grau de queda.

Secção *Oligosperma. A.punqens.* A morfologia dos pêlos foi estudada em plantas retiradas de 4 pontos da sua área de distribuição: o vale Kaldzhar do Cazaquistão Oriental (Zhailybayeva et al. 2024), a encosta sudoeste do Dzhungar Alatau, o vale do rio. Surkhadarya e arredores de Baysun (1200-1300 m acima do nível do mar).

As folhas das plantas do Cazaquistão Oriental são pubescentes, com pêlos curtos (80-90 microns), simples e de densidade média (90-120 por mm^2), misturados com pêlos relativamente raros (20-25 por 1 mm^2 e os mesmos pêlos glandulares curtos de forma caulinar. É de salientar que, apesar do número relativamente elevado de pêlos por unidade de área, devido ao seu pequeno comprimento, os pêlos pubescentes têm um aspeto escasso. Pêlos pubescentes de densidade média (100 por 1 mm^2) com pêlos unicelulares simples extremamente curtos (15-50 microns) de diâmetro estreito a largo. Apenas na epiderme superior, são raros os pêlos glandulares simples, com capitato e pedúnculo. Na distribuição desta espécie no Dzungarian Alatau (1800-2600 m acima do nível do mar) desenvolveu-se vegetação de estepe de montanha, zona de estepe de floresta-prado das montanhas médias (Zhailybayeva et al. 2024). Estes locais são mais ou menos adequadamente abastecidos de humidade, o que provoca a queda das folhas com pêlos unicelulares simples e curtos e pêlos glandulares muito esparsos.

Os espécimes de herbário da bacia do rio. Assy, bem como os arredores de Ak-Kul do Cazaquistão do Sul, são pubescentes com epiderme relativamente densa (130 por 1 mm^2) na parte superior e quase 2 vezes menos (70-80 por 1 mm^2) - epiderme inferior, mas mais longa (100-400 mícrons) 2- Pêlos simples de 4 células, a maioria dos quais (especialmente na parte superior da folha) são constritos. O desenvolvimento de pêlos relativamente longos, que formam um revestimento de densidade média da superfície da folha, especialmente na face superior, deve-se às condições mais xerófilas da zona e à insolação (encostas meridionais do Karatau). Esta situação explica-se pelo facto de as correntes de ar húmido ocidentais, que não se prolongam nas montanhas baixas (24), penetrarem muito nas montanhas, que estão bloqueadas a leste pelas maiores alturas (Fergana e outras cadeias). Por conseguinte, a pluviosidade é reduzida ao longo do ano.

Tabela 1: Classificação dos valores dos sinais da estrutura da folha

1.	Espessura da lâmina foliar, microns	Extremamente espesso	Mais 350
		Muito espesso	200-350
		Espesso	200-250
		Moderadamente espesso	150-200
		Fino	100-150
		Muito fino	50-100
2.	Pubescente, número de pêlos por 1 mm^2	Muito espesso	40-50
		Grosso	30-39
		Moderadamente espesso	20-29
		Raro	10-19
3.	Número de estomas por 1 mm^2	Os mais numerosos	Mais 450
		Extremamente numerosos	350-400
		Tantos	300-350
		Muitos	250-300
		Moderadamente muito	200-250
		Poucos	150-200
		Muito pouco	100-150
4.	O número de células epidérmicas por 1 mm^2	Célula extremamente pequena	1440-1540
		Célula pequena	1340-1140
		Células moderadamente pequenas	1140-1240
		Célula grande	1040-1240
		Células moderadamente pequenas	940-1040
		Célula muito grande	840-940
		Célula extremamente grande	740-840
		A maior célula	640-740

Nas plantas (Winnie, R. 2022) obtidas nas proximidades de Baysun (Hissars Range), como no Cazaquistão Oriental, as folhas são densamente (120-190 por 1 mm²) pubescentes com pêlos cerdosos simples celulares curtos (60-70 mícrons) 1-2 celulares, misturados com o mesmo glandular capitado curto. Apesar do desenvolvimento de um grande número de pêlos, devido ao seu pequeno comprimento, não criam um revestimento percetível, e a superfície da folha permanece quase nua. A razão para este fenómeno é, naturalmente, a presença de uma quantidade suficiente de precipitação, pelo que nas encostas meridionais da cordilheira de Gissar, onde se situam as montanhas Boysun, caem anualmente até 500-800 mm de precipitação, a maior parte da qual em fevereiro-maio.

As folhas das plantas da encosta norte desta crista são mais densamente pubescentes com pêlos simples, relativamente longos (130-170 microns) de 1-2 células.

A localização das células epidérmicas em todos os espécimes estudados é ligeiramente ordenada, as paredes celulares são sinuosas, com exceção das células da epiderme inferior - claramente ordenadas, as células são estreitas, alongadas ao longo do eixo longo da folha.

A epiderme da folha das plantas dos arredores de Baysun, do vale Kaldzhar do Cazaquistão Oriental e das encostas meridionais do Dzungarian Alatau tem células muito pequenas (1360-1430 por 1 mm^2), da depressão de Balkhash-Alakul tem células moderadamente grandes (950-1000), os estomas em todas as amostras nos pólos têm um espessamento em forma de T. Cerca de 20% dos estomas são anomocíticos e cerca de 80% são diacíticos. Cerca de 20% dos estomas são anomocíticos, cerca de 80% são diacíticos. É de notar que a maioria dos estomas da epiderme foliar inferior das plantas da depressão de Balkhash-Alakul estão rodeados por quatro células - duas polares e duas laterais, semelhantes aos estomas das monocotiledóneas, um sinal de deslocação. Existem muitos estomas (280-350 por 1mm^2).

O mesofilo da folha dos esporões nordestinos do Dzungarian Alatau é mais ou menos reduzido e constitui cerca de 30-35% da área da secção transversal da folha; o resto são feixes vasculares com esclerênquima. O mesofilo nas asas é uma estrutura isopalisada, constituída por 2-6 filas de células paliçadas curtas densamente dispostas. Na face abaxial da folha, *o clorênquima* sob a epiderme é de camada única; as suas células (Ghaffari, S. 2004) são tangencialmente oblongas e mais pequenas do que as células da epiderme. O sistema condutor no meio da folha é 3-fascicular-mediano com uma bainha de esclerênquima fortemente desenvolvida e duas pequenas laterais com esclerênquima na face abaxial.

Nas plantas da depressão Balkhash-Alakul (Southern Betpakdada) de Kyzylkum, Karakum, as folhas são maiores do que nas plantas do Dzhurgan Allatau, sem asas perceptíveis, as próprias plantas têm forma de almofada (hemisférica). O sistema condutor da parte média da folha consiste em cinco feixes - um grande mediano e quatro laterais (laterais), dispostos verticalmente (um acima do outro) em dois. A sua área total com tecido mecânico é de 40-50% da área da secção transversal da folha. O restante - 50-60 % - é constituído por clorênquima, formado por 4-5 camadas de células em paliçada, sendo as camadas mais internas relativamente mais pequenas do que as externas.

Estudámos plantas de *A.lilacinum* de dois locais nas encostas secas do Kopetdag Central (Sulukli) e nas encostas rochosas da cordilheira do Turquestão. Nas plantas do Kopetdag, as folhas são pubescentes com numerosos (220-270 por 1 mm^2) (de 5 a 120 microns de comprimento) pêlos simples de 1-3 células misturados com um pequeno número dos mesmos pêlos glandulares curtos e capitados. Assim, as folhas pubescentes desta espécie são semelhantes às dos representantes das espécies anteriores, mas diferem acentuadamente das primeiras na morfologia (Butnik et al. 2009; Vasilevskaya, V. 1965): os pêlos simples são de paredes muito finas, ligeiramente encaracolados. Entre eles, existem muitos constritos, na maioria deles, a célula de tricô é vesiculada-expandida, o terminal estreito em forma de agulha.

As folhas dos espécimes vegetais das encostas meridional e sudoeste da cordilheira do Turquestão são densamente pubescentes (210 por 1 mm^2), com pêlos simples de 2-5 células, longos e de paredes espessas. São cilíndricos e cónicos, que, entrelaçados entre si, formam uma camada relativamente espessa. Tal como referido por N.Gvozdetsky e Yu.Golubchikov (Ruzmatov et al. 2022), nas montanhas do sistema Gissar-Alai, um fator importante na diferenciação da paisagem é a influência da exposição da encosta, que se manifesta bem precisamente nas encostas setentrionais da cordilheira do Turquestão (bem como de Altai). Na sua vertente norte crescem belas florestas de zimbro. A encosta meridional é extremamente pobre em vegetação; as rochas nuas e o cascalho estão cobertos por um bronzeado escuro do deserto. Isto indica que nas encostas meridionais desta cordilheira, onde crescem as plantas estudadas, há pouca precipitação, e uma espessa cobertura peluda, como se sabe, serve de proteção fiável tanto contra a evaporação excessiva como contra a radiação solar. A sua forma de crescimento semi rastejante também o evidencia.

Resultados e discussão. A epiderme é extremamente celular (800-900 por 1 mm^2), a disposição das células é pouco ordenada, os contornos das paredes celulares são finamente ondulados, as células são ligeiramente oblongas ao longo do eixo maior da folha. Há um número moderado de estomas (210-230 por 1 mm^2), 20-25% anisocíticos, por vezes com estomas anomocíticos separados.

Assim, podem ser tiradas as seguintes conclusões:

- As espécies *A korshinskyi, A. borsezowii, A. elatius, A. cyrtostegium* são comuns em desertos e sec. Turbinaria - em Kopetdag forma-se uma folhagem nua.

- As folhas de *A. albidum, A. subglabrum, A. tenuifolium, A. stenostegium, A. adenophorum, A.krascheninikovii, A.brewibracteatum, A. aculeatum, A. borsezowii, A. serawchanicum, A. coloratum, A.jarmolenkii* são pubescentes apenas com pêlos simples.

- *A. pungens, A.lilacinum, A.pulchrum, A.korolkovii* têm folhas pubescentes e têm pêlos simples e glandulares e tricomas .

Na série de estudos seguinte, estudámos as caraterísticas morfológicas das brácteas destas plantas (Vasilevskaya, V. 1965).

Recentemente, vários investigadores dedicaram grande atenção ao estudo das caraterísticas morfológicas e biológicas, bem como das caraterísticas sistemáticas dos principais representantes de espécies da família *Caryophyllaceae* com um teor muito elevado de saponina. A região da Ásia Central é considerada a única no mundo onde estas famílias se encontram.

Secções do género *Acanthophyllum* (Inamdar et al. 1977; Madumarov, T. 2005), verificou-se que, com base nas espécies estudadas, não podem ser distinguidas pelas caraterísticas anatómicas e morfológicas (Petrishina et al. 2022) da folha, mas podem ser caracterizadas pelas caraterísticas da flor. *Oligosperma* distingue-se das outras duas secções pela ausência de pêlos glandulares no cálice e pelas pétalas da corola relativamente largas (1 - 3 mm). No entanto, de acordo com outros indicadores, esta secção revelou-se heterogénea e contém 2 grupos de espécies mais semelhantes em termos das caraterísticas estudadas: *A.pungens - A.albidum - A.leucanthum* e *A.elatius - A.borsczowii*. *A.glandulosum* (sec. Pleiosperma) destaca-se entre os representantes de outras secções com um grande número de pêlos simples e glandulares na epiderme externa do cálice. *A.korolkovii* e *A.serawschanicum* da *cek. Macrostegia* diferem muito na maioria das caraterísticas da folha (Madumarov, T & Dariev, A. 2020) e da flor, e para uma série de caracteres o primeiro deles tende a sec. Oligosperma, em particular para a sua espécie *A.elatius*. As caraterísticas de duas espécies do género *Allochrusa* e do 11º género *Acanthophyllum* (Matyunina, T., & Musaeva, M. 1979), incluindo oito - a anatomia e morfologia da folha e da flor, e seis - a semente, mostraram que estes taxa se distinguem claramente por um certo número de caracteres.

T.Madumarov & A.Dariev (1987) estudaram a estrutura anatómica da folha e da flor do género *Kughitangia Ovcz* devido à sua posição sistemática. Doutoramento de T.A. Madumarov. Com base nos dados obtidos sobre o espermoderma e os órgãos da folha, o autor distingue os taxa estudados. As espécies *A.albidum*, *A.brevibracteatum*, *A.aculeatum*, *A.pungens*, *A.krascheninnikovii*, *A.stenostegium* são consideradas independentes. Dada a extrema semelhança entre eles, *A.coloratum* e *A.korolkovii*, propõe a sua inclusão no subgénero *A.Platypyllum* Zak.et Muss. p. *Acanthophyllum*. Como evidenciado pelos dados das fontes literárias, os sinais da estrutura morfológica e anatómica (Tomilova, L. 1982) dos órgãos foliares permitem distinguir as espécies, menos frequentemente os géneros. Z. Artyushenko chegou à mesma conclusão ao estudar os órgãos foliares de representantes de *p.Grinum* (Krstic 2008).

Os taxa estudados têm brácteas pequenas (comprimento 05-15 mm, largura 1-7 mm) linear-lanceoladas com um ápice pontiagudo, com a exceção de *A. coloralum* e *A. korolkovii* com brácteas obtusas, cálices tubulares ou cilíndricos com dentes espinhosos triangulares. Brácteas de 4-10 mm de comprimento, 1-3 mm de largura com um ápice espinhoso (exceto cek caracterizam *Acanthophyllum* (juntamente com *p. Kughitangia Macrostegia*), pubescentes principalmente com pêlos simples de 1-3 células.

As brácteas lineares-lanceoladas ou lineares em forma de asa com 7-10 mm de comprimento e 1-3 mm de largura caracterizam os tipos de sec. Oligosperma. As brácteas maiores pertencem a duas espécies - *A. pungens* e *A. adenophorum* (respetivamente, 7-9 mm de comprimento, 2-3 mm de largura e 9-10 mm de comprimento, 0,8-1,5 mm de largura), pequenas - em *A albidum, A. krascheninnikovii, A. aculeatum, A. pulchrum, A. leucanthum* e *A. cyrtostegium*. Outras espécies nesta base ocupam uma posição intermédia entre os dados dos dois grupos. Sec. *Turbinaria* é caracterizada pelas brácteas mais pequenas (comprimento 4-5 m e largura 1-1,5 mm) do género *Acanthophyllum*.

Brácteas sec. Pleiosperma são de tamanho médio (comprimento 5-7 mm e largura 2-2,5 mm). Das três espécies estudadas desta secção, *A.glandulosum* tem as brácteas maiores (comprimento 6-7 mm, largura 2-2,5 mm). Os representantes da Macrostegia diferem no mesmo comprimento (comprimento 5-6 mm, largura 1-2,5 mm), brácteas obversamente ovadas (*A.coloralum, A.korolkovii*) e linear-lanceoladas (*A. serawschanicum*).

Nesta secção, a maior bráctea é a A.korolkovii: comprimento 5-6 mm, largura 2-2,5 mm. O género *Allochrusa* distingue-se dos outros pelas brácteas mais pequenas (até 1 mm de comprimento e 0,5 mm de largura), um pouco reduzidas, lineares-subuladas e não espinhosas, e as mais pequenas: a sua espessura (70-80 mm). O género Drypis tem brácteas inferiores e superiores completamente nuas, amplamente ovadas e grandes (as inferiores com 13-14 mm de comprimento, 6-7 mm de largura, as superiores com 9-10 mm de comprimento, 4-5 mm de largura) com 6 dentes localizados 3 nos lados, o que difere acentuadamente dos outros dois géneros. Estes dentes (processos) são lóbulos laterais reduzidos da placa outrora larga, o que é confirmado pela presença de um feixe condutor na sua metade inferior. Os representantes estudados do género Gypsophila são caracterizados pelas brácteas mais pequenas (comprimento 0,5-1 mm). A classificação dos valores dos sinais da estrutura das brácteas e sépalas é dada na Tabela. 2.

Quadro 2. Classificação dos valores dos sinais da estrutura das brácteas e sépalas

Comprimento, mm	Extremamente longo	Mais 14
	Muito longo	12-14
	Longo	11-12
	Moderadamente longo	8-10
	Curto	6-8
	Muito curto	4-6
	Extremamente curto	0,3-3
Espessura, microns	Extremamente espesso	339-390
	Muito espesso	295-338
	Grosso	251-294
	Moderadamente espesso	207-250
	Fino	163-206
	Moderadamente fino	118-163
	Muito fino	94-117
	Extremamente fino	50-93
Pubescência, número de pêlos por 1 mm2	Espessura excecional	Mais 300
	Extremamente espesso	251-300
	Muito espesso	201-250
	Densa	151-200
	Moderadamente espesso	101-150
	Raro	50-100
	Muito raros	Antes de 50
Número de células epidérmicas por 1 mm2	Célula extremamente pequena	1347-1467
	Célula muito pequena	1226-1346
	Célula pequena	1105-1225
	Células moderadamente pequenas	984-1104
	Células moderadamente grandes	864-983

	Célula grande	742-862
	Célula muito grande	621-741
	Célula extremamente grande	500-620
Número de estomas por 1 mm2	Tantos	301-358
	Muitos	251-500
	Moderadamente muito	200-250
	Poucos	151-200
	Muito pouco	101-150
	Muito poucos	50-100

Na taxonomia vegetal, a estrutura e a distribuição dos crescimentos epidérmicos são de grande importância para o diagnóstico (Madumarov, T & Dariev, A. 1987). Se a densidade da pubescência pode variar significativamente dependendo da fase de desenvolvimento e das condições ecológicas dos habitats, então a forma dos pêlos é determinada geneticamente e é menos afetada pelo ambiente e, portanto, é uma caraterística taxonométrica fiável.

As brácteas de todos os representantes do género Acanthophyllum são relativamente densamente pubescentes com tricomas simples de feixe único, constituídos por 1-3 células, com 97-112 microns de comprimento. Das 13 espécies estudadas, sec. *Oligosperma* são pubescentes apenas com pêlos simples, e apenas duas espécies - *A. lilacinum* e *A. pulchrum* - são simples e glandulares. As espécies das outras secções são pubescentes, como as duas últimas espécies, com pêlos de ambos os tipos. Na sec. *Oligosperma* duas espécies - *A.adenophorum* e *A.krascheninnikovii* - têm o maior número de pêlos - 130 por mm^2 . *A.albidum, A.brevibracteatum, A.aculeatum* têm pêlos relativamente escassos - 100 por mm2. Noutras espécies, o seu número por 1 mm^2 não excede 80. Entre os representantes desta secção, *A.albidum* e *A.krascheninnikovii* destacam-se com os pêlos mais longos (130-192 microns) e *A.adenophorum* com pêlos relativamente longos (152-163 microns) *A.aculeatum, A.pulchrum, A.brevibracteatum* e *A.lilacinum*. Noutras espécies, o seu comprimento é da ordem dos 112-114 microns. Deve notar-se aqui que *A.albidum, A.aculeatum* e *A.brevibracteatum*, considerados por vários investigadores como sinónimos da espécie A.pungens, bem como *A.stenostegium* - da espécie *A. krascheninnikovii*, diferem marcadamente uns dos outros nos principais indicadores da estrutura das brácteas. Por exemplo, em A.aculeatum atinge 110. *A.stenostegium* difere de *A.Krascheninnikovii* por um número menor de células epidérmicas por 1 mm^2 de área do que neste último, uma maior espessura da secção transversal das brácteas, e quase duas vezes menos pêlos simples (80 versus 130 mm^2 - na estrutura externa e 80 versus 125 - na estrutura interna da bráctea). Tudo isto favorece a opinião de A.I.Vedensky sobre a independência destas espécies (1).

Vistas da secção. *Turbinárias* pubescentes em ambos os lados, simples, misturadas com pêlos caulinares e glandulares de densidade média (60-80 por 1 mm^2) a densa (100-140). Brácteas sec. Pleiosperma na face interna são pubescentes em cachos (152-180 por mm^2) simples misturados com esparsos (50-60) pêlos glandulares caulinares-pedunculados, na superfície externa - os mesmos tricomas de densidade moderada (100-150 por 1 mm^2) Espécies sec. *Maciostegia* coberta de pêlos simples e glandulares moderadamente densos (100-150) na face interna, enquanto na face externa - com pêlos glandulares simples densos (156-200) e moderadamente densos (100-140). As brácteas de K. Popovii são pubescentes por cima, com pêlos glandulares simples e esparsos (25-30 por 1 mm^2) misturados com pêlos glandulares caulinares (35-45 por 1 mm2). Na K. knorringiana estão nuas, embora na "Flora of the USSR" se registe a sua pubescência com pêlos glandulares.

No género *Allochrusa*, as brácteas de *A.paniculata* são pubescentes com pêlos simples, enquanto as de *A.gypsophiloides* são completamente nuas. As brácteas do género Drypis não têm tricomas.

Todos os taxa estudados são caracterizados por brácteas anfistomáticas, no entanto, os estomas estão ausentes na metade inferior da superfície interna em contacto com o cálice. O aparelho estomático é principalmente anomocítico (os estomas estão rodeados por quatro células secundárias), menos frequentemente - diacítico e anisocítico. Os estomas de tamanho médio - 32-40 microns de comprimento e 20-30 microns de largura - estão localizados abaixo do nível da parede externa das células epidérmicas, o que é típico das xerófitas.

No género *Acanthophyllum*, sec. *Turbinaria* (360 por 1 mm^2 da área da epiderme exterior e 280 por 1 mm^2 da epiderme interior), o mais pequeno (110-189 por 1 mm^2 na epiderme exterior e 100-150 na epiderme interior) - espécies de sec. *Pleiospenna*. Os tipos de sec. Macrostegia neste indicador ocupam uma posição intermédia entre as duas secções anteriores (205-220 por 1 mm^2 na epiderme exterior e 140-200 na epiderme interior). Na sec. *Oligosperma* o menor número (80 por 1 mm^2) de estomas é caracterizado apenas por A.pulchrum, o número médio (105-130) - *A.lilacinum, A.adenophorum, A.brevibracteatum, A.leiostegium, A.cyrtostegium*, o maior número (200) - *A.krascheninnikovii*, noutras espécies, a secção dos estomas por 1 mm2 não excede 160-180 na epiderme exterior e 140-180 na epiderme interior. Estomas grandes (40 µm de comprimento, 25-30 µm de largura) são caraterísticos das espécies *A.brevibracteatum* e A.aculeatum, enquanto outros são de tamanho médio (32-38 µm de comprimento, 22-30 µm de largura). *A Sec. Turbinaria* distingue-se no género pelos estomas mais pequenos (comprimento 24 microns, largura 18 microns), *Pleiosperma* - relativamente grandes (comprimento 37-45 microns, largura 23-25 microns). Os tipos da mesma sec. *Macrostegia* nesta base estão entre sec. *Oligosperma* e *Pleiosperma*, mas ainda mais perto deste último. Os estomas mais pequenos (40-70 por 1 mm2) são caraterísticos das espécies p.Kughitangia.

As subespécies e as formas ecológicas do género monotípico Drypis diferem um pouco no número de estomas, especialmente a grande diferença entre subespécies e a diferença relativamente pequena entre formas ecológicas. Por exemplo, em *D.spinosa ssp-spinosa* (Zhou, X., Lu, X & Wang, X. 2022) na epiderme exterior, o número de estomas é de 150-165 por mm2, em *D.spinosa ssp-jacquiniana* - 120 com tamanhos maiores do que na primeira subespécie. Na epiderme interna, o número de estomas é o mesmo em ambas as subespécies, mas diferem marcadamente em tamanho. Tudo isto testemunha, por um lado, as diferenças entre elas. No que diz respeito ao tamanho e ao número de células epidérmicas, as brácteas dos géneros estudados são geralmente classificadas como muito grandes e extremamente grandes (600-980 mm^2 na epiderme exterior e 500-898 mm^2 na epiderme interior), com exceção da sec. *Turbinaria*, cujas brácteas são extremamente pequenas (em média 2370 por 1 mm^2 na epiderme externa e 2100 na interna), o que a coloca numa posição separada no género *Acanthophyllum*.

Note-se que a epiderme com maior número de células é caraterística da parte inferior da superfície interna das brácteas (400-680 por 1 mm^2). Nos representantes de *Acanthophyllum*, esta zona forma um tubo e, por conseguinte, toca, ou seja, é pressionada contra o cálice e não tem estomas, enquanto nos géneros *Allochrusa* e *Drypis* as brácteas se dobram imediatamente para fora e não formam um tubo.

Sec. Oligosperma do género *Acanthophyllum* tem uma epiderme externa com células grandes (740-890 por 1 mm^2), epiderme interna com células muito grandes (660-695) e células grandes (716-798). *A.albidum, A.brevibracteatum, A.borsczowii, A.leucanthum* e *A.cyrtostegium* destacam-se pela secção de células relativamente grandes (740-760n na superfície externa e 650-700n na superfície interna) da epiderme. Outras espécies têm 1 mm^2 850-890 na epiderme exterior e 730-820 na epiderme interior. Sec. *Pleiosperma* é caracterizada por epiderme externa e interna com células muito grandes (600-709), Macrosteaia - epiderme externa com células moderadamente grandes (915-980) e epiderme interna com células grandes e moderadamente grandes (800-898). No género Drypis, na subespécie jaquiniana, a epiderme das brácteas é extremamente grande (550 na parte interna e 600 na parte externa), enquanto *na ssp. spinosa* a parte externa é grande (765-850), a parte interna é extremamente grande e muito grande (500-700).

Em termos de espessura da placa da bráctea, existem mais diferenças dentro do género do que entre géneros, o que não permite caraterizar os géneros estudados como um todo.

A placa da bráctea nas espécies de *Oligosperma* é espessa a muito espessa (251-320). Entre as espécies da mesma secção, apenas em *A.krascheninnikovii* pertence à classe de moderadamente espessa (235 microns), em *A.pungens, A.lilacinum, A.albidum, A.adenophorum, A.elatius* - muito espessa (300-320 microns), noutras - espessa (260-295 microns).

Tipos de secções *Turbinaria* e *Pleiosperma* de acordo com a espessura da placa privetnichkov semelhante e nesta base pertencem ao grupo de "extremamente grosso" - a sua espessura atinge 350, respetivamente; 365-390 microns, o que indica condições ambientais semelhantes do seu habitat. Placas moderadamente finas - 134-150 microns, caracterizam representantes de sec. *Macrostegia*. Em termos de espessura, as três espécies estudadas desta secção, bem como as espécies de Pleiosperma, estão próximas umas das outras. As brácteas de p.Kughitangia são semelhantes em espessura de 250-300 microns a *A.albidum* e *A.aculeatum*. O género *Allochrusa* difere dos outros dois géneros em brácteas extremamente finas (70-80 µm).

As subespécies e ecoformas do género Drypis, tal como as da secção Macrostegia do género *Acanthophyllum*, têm brácteas moderadamente finas (116-150 µm). Ambas as subespécies distinguem-se bem na sua espessura. Em *D.spinosa ssp. jacquiniana* não excede 117 µm, em D. spinosa ssp. spinosa é de 130 a 150 µm, dependendo do local de distribuição geográfica. A diferença entre as ecoformas na espessura deste órgão, assim como no número de células, é maior do que entre algumas espécies do género *Acanthophyllum*, o que indica uma distância suficiente entre elas no que diz respeito às caraterísticas da bráctea.

Conclusão. O género *Allochrusa* é caracterizado por um mesofilo isopalisado com 2-3 camadas. De resto, a estrutura deste tecido é a mesma que a do género anterior.

As brácteas, cuja nervura central sobressai mais fracamente do que no género *Acanthophyllum*, enquanto no género *Allochrusa* é quase sem nervura, caracterizam o género *Drypis*. A nervura central está imersa na espessura do mesofilo, difere nitidamente dos dois géneros anteriores no mesofilo indiferenciado (em paliçada e parênquima esponjoso) de 2-3 camadas. Até certo ponto, isto indica que esta parte da flor do género *Drypis* é relativamente menos avançada do que nos outros dois géneros.

1. Para as espécies estudadas *Acanthophyllum, Allochrusa* e *Drypis*, o anfistomatismo, anomocítico, considerado primitivo nesta família, é comum. *Caryophyllaceae*, mais raramente *um* aparelho estomático do tipo *diacítico*, paredes celulares externas com uma camada cuticular, nervura esclerenquimática fortemente saliente da nervura mediana na face abaxial da placa da bráctea.

2. O género mediterrânico *Drypis* é caracterizado por brácteas amplamente lanceoladas (comprimento 9-14 mm, largura 4-7 mm), muito finas (116-150 microns), com 3 dentes subulados de cada lado - lóbulos reduzidos, mesofilo indiferenciado de 3 camadas com um sistema condutor de 3 feixes e uma epiderme extremamente celular e muito celular sem tricomas. A subespécie *jacquiniana* distingue-se da subespécie espinhosa por ter a epiderme mais numerosa e grandes estomas. Todos os sinais da bráctea deste género favorecem a deslocação comparativamente menor deste órgão do que nos outros dois géneros.

3. O género *Allochrusa* distingue-se dos outros pela forma reduzida de um furador (comprimento 0,5-1 mm, largura 0,3-0,5 mm) e extremamente fino (70-80 microns), pubescente apenas com pêlos simples unicelulares, nó unifascicular e unilacunal, brácteas com mesofilo isopalisado de três camadas, epiderme com células muito grandes (650-750 por 1 mm^2).

4. Os representantes do género *Acanthophyllum* diferem muito entre si no que respeita à estrutura anatómica e morfológica desta parte da flor e, por

conseguinte, nenhum dos sinais da sua estrutura pode caraterizar o género *Acanthophyllum* no seu conjunto. No entanto, as espécies e secções do género diferem entre si de uma forma ou de outra. Por exemplo, os tipos de sec. *Oligosperma* unem-se com placa bráctea de moderadamente espessa a muito espessa (236-320), com epiderme de células pequenas (740-890 microns), pubescência esparsa (70-100 por 1 mm^2), raramente moderadamente densa (110-130 por 1 mm^2), pêlos simples e ausência de pêlos glandulares (com exceção de *A.lilacinum* e *A.puichrum*, que os têm). *A.albidum* difere de *A.pungens* no número de células epidérmicas da epiderme externa (792 versus 880 por 1 mm^2), nos pêlos simples da epiderme interna (60 versus 120) e no seu comprimento (153 versus 108 microns) de duas outras espécies - *A.brevibracteatum* e *A.aculeatum*, consideradas como sinónimos de *A.albidum*, ero (*A.pungens*). Difere na espessura da placa (320 µm versus 260, 257, respetivamente), no número de células epidérmicas da face adaxial (700 versus 680, 800), bem como no número de estomas (146 versus 110, 110 por 1 mm^2). *A.pulchrum*, como *A.lilacinum*, ocupa uma posição separada pela presença de pêlos glandulares em ambos os lados da bráctea.

5. *A.Krasheninnikovi*, considerado um sinónimo de *A.stenostegium*, difere marcadamente deste último na espessura da placa (236 versus 290 microns), no número de células epidérmicas (900 versus 700 microns), nos pêlos simples (130 versus 30-40 por 1 mm^2) e na ausência de pêlos glandulares.

6. Outras secções do género diferem de sec. *Oligosperma* pela presença de uma bráctea em ambos os lados e juntamente com pêlos glandulares simples.

7. Sec. *Turbinaria* tem uma placa extremamente espessa (351 microns) e a epiderme com mais células pequenas (2100-2370 por 1 mm^2), estomas pequenos e numerosos (280-350) não só entre os representantes de todos os géneros *de Acanthophyllum*, mas também de outros géneros.

8. Sec. *Pleiosperma* tem as brácteas mais espessas (365-390 µm) entre os taxa estudados, epiderme com células muito e moderadamente grandes (700-709 por 1 mm^2), o maior número (150-180 por 1 mm^2) de pêlos simples.

9. Sec. *Macrostegia* ocupa uma posição separada das outras secções, com as brácteas mais finas (134-149 microns), epiderme com células grandes e moderadamente grandes (800-980 por 1 mm2) e numerosos (205-220) estomas, os mais densos (165-200) com pêlos simples no interior.

Agradecimentos. Estamos extremamente gratos ao Professor Tolibjon Madumarov, que nos aconselhou a organizar o trabalho de investigação e pela excelente assistência na verificação dos resultados. Estou sinceramente grato a Farhod Alimov por ter ajudado a encontrar os materiais necessários em recursos estrangeiros. Agradeço-lhe especialmente a correspondência e a preparação. Estamos gratos aos membros superiores da Faculdade de Biologia pelo seu profissionalismo e apoio.

REFERÊNCIAS

Abe, M., Katsumata, H., Komeda, Y & Takahashi, T. 2003, Regulation of shoot epidermal cell differentiation by a pair of homeodomain proteins in Arabidopsis, *Development*, 130, 635-643. https://doi.org/1242/dev.00292

Albert, S & Sharma, B. 2013, Comparative foliar micromorphological studies of some Bauhinia (Leguminosae) species, *Turkish Journal of Botany*, 37, 276-281. https://doi.org/10.3906/bot-1201-37

Ariano, A., Pessoa, M., Ribeiro-Júnior, N., Eisenlohr, P & Silva, I. 2022, Atributos estruturais das folhas indicam diferentes graus de xeromorfismo: Novas descobertas em espécies co-ocorrentes de formações savânicas e florestais, *Flora: Morphology, Distribution, Functional Ecology of Plants,* 286, 151972, https://doi.org/10.1016/j.flora.2021.151972

Basiri Esfahani, Sh., Bidi, B & Rahimi-Nejad, M. 2011, Um estudo taxonómico de Acanthophyllum C. A. Mey. (Caryophyllaceae) no Irão, *Iranian Journal of Botany*, 17, 24-39. https://doi.org/10.22092/IJB.2011.101550

Butnik, A., Ashurmetov, O., Nigmanova, R & Begbaeva, G. 2009, Ecological anatomy of desert plants of Central Asia, *Herbage*, 3, 155.

Duschanova, G., Fakhriddinova, D., Abdinazarov, S & Aliyeva, N. 2023, Caraterísticas estruturais e adaptativas dos órgãos vegetativos de Lophanthus anisatus Benth nas condições de introdução do Uzbequistão, *Caspian Journal of Environmental Sciences*, 21 (4), 921-930. https://doi.org/10.22124/cjes.2023.7150

Ghaffari, S. 2004, Cytotaxonomy of some species of Acanthophyllum (Caryophyllaceae) from Iran, *Biologia,* 59, 53-60. ISSN 0006-3088.

Hong, T., Lin, H & He, D. 2018, Caraterísticas e correlações dos estomas das folhas em diferentes proveniências de Aleurites montana, *PLoS ONE* 13 (12): e0208899. https://doi.org/10.1371/journal.pone.0208899

Inamdar, J., Gangadhara, M., Morge, P & Patel, R. 1977, Epidermal structure and ontogeny of stomata in some centrospermae, *Feddes Repertorium* 88 (7-8), 465-475. https://doi.org/10.1002/fedr.4910880707

Kistic, L., Merkulov, L., Lukovic, J & Boza, P. 2008, Histological components of Trifolium L. species related to digestive quality of forage, *Euphytica,* 160, 277-286. https://doi.org/10.1007/s10681-007-957

Lacaille-Dubois, M., Timité, G., Mitaine-Offer, A., Miyamoto, T., Ramezani, M., Rustaiyan, A., Mirjolet, J & Duchamp, O. 2010, Structure elucidation of new oleanane-type glycosides from three species of Acanthophyllum. *Ressonância Magnética em Química*, 48(5), 370-374. https://doi.org/10.1002/mrc.2577

Madumarov, T. 2005, Some morphological features of sand-reinforcing species of the genus Acanthophyllum S.A.Mey, *Scientific and analytical journal Higher School of Kazakhstan*, 1. 81-83. https://higher.edu.kz

Madumarov, T & Dariev, A. 2020, On the systematic position of two species of the genus, *Academy of Sciences of Uzbekistan*, 10, 50-52. https://www.academia.edu.uz

Madumarov, T & Dariev, A. 1987, Anatomical structure of leaves of the species Acanthophyllum C.A.Mey and Allochrusa Bunge (Caryophyllaceae Juss), *Uzbek Biological Journal*, 6, 35-38. https://www.ubj.academy.uz

Mahmoudi Shamsabad, M., Ejtehadi, H., Vaezi, J & Joharchi, M.R. 2013, Análise multivariada da variação morfológica em Acanthophyllum C. A. Mey. Sect. Oligosperma (Caryophyllaceae) do nordeste do Irão, *Journal of Biology and Today's World*, 6(2), 304-323. 2322-3308.

Matyunina, T., & Musaeva, M. (1979), Biology of flowering and pollination of some representatives of the genus Acanthophyllum S.A.Mey, *Uzbek Biological Journal*, 5, 49-51. https://www.ubj.academy.uz

Nurmahanova, A., Ibisheva, N., Kurbatova, N., Atabayeva, S., Seilkhan, A., Tynybekov, B., Abidkulova, K., Childibaeva, A., Akhmetova, A & Sadyrova, G. 2023, Comparative Anatomical and Morphological Study of Three Populations of Salvia aethiopis L. Growing in the Southern Balkhash Region, *Journal of Ecological Engineering*, 24 (9), 27-38. https://doi.org/10.12911/22998993/ 168252

Petrishina, N., Yena, A., Nevkrytaya, N., Nikolenko, V., Pashtetsky, V., Myagkikh, E & Babanina, S. 2022, Comparative anatomical and morphological characteristics of two subspecies of Melissa officinalis L. (Lamiaceae), *Agronomy Research*, 20 (4), 764-773. https://doi.org/10.15159/AR.22.046

Pirani, A., Joharchi, M & Memariani, F. 2013, Uma nova espécie de Acanthophyllum do Irão, *Phytotaxa*, 92 (1), 20-24. https://doi.org/10.11646/phytotaxa.92.1.3

Ruzmatov, E., Tuychieva D., Nematova, S & Yuldashev, Kh. 2022, Morpho-Anatomical Structure of The Leaf of Some Plants Genus Asanthophyllum C.A.Mey, *Journal of Pharmaceutical Negative Results*, 13 (7), 1455-1460. https://doi.org/10.47750/pnr.2022.13.S07.210

Takada, Sh & Iida, H. 2014, Specification of epidermal cell fate in plant shoots, Frontiers in plant science, *Plant Cell Biology*, 5, 46-52. https://doi.org/10.3389/fpls.2014.00049

Tomilova, L. 1982, Flowering of some endemic plants of the Urals from the family Caryophyllaceae under cultural conditions, *Ecology of plant pollination*, 3-18.

Vasilevskaya, V. 1965, Structural adaptations of hot and cold deserts of Middle Asia and Kazakhstan, *Problems of current botany*, 2, 5-17. Disponível em: https://www.researchgate.net/publication/332845093

Winnie, R. 2022, Botanical aspects, chemical overview, and pharmacological activities of 14 plants used to formulate a Kenyan Multi-Herbal Composition, *Scientific African*, 17. https://doi.org/1016/j.sciaf.2022.e01287

Zhailybayeva, T., Shalabayev, K., Maimatayeva, A., Mombayeva, B., Atraubaeva, R & Beketova, A. 2024, Flora dos desfiladeiros Merke, Sandyk, Shaisandyk na parte ocidental do Alatau quirguiz, uma fronteira natural entre o Quirguizistão e o Cazaquistão, *Caspian Journal of Environmental Sciences*, 22 (1), 59-69. https://doi.org/10.22124/cjes.2024.7497

Zhou, X., Lu, X & Wang, X. 2022, Development of polymorphic SSR markers & their applicability in genetic diversity evaluation in Euptelea pleiosperma, *Biocell*, 46 (11), 2489-2495

Zoric, L., Merkulov, L., Lukovic, J & Boza, P. 2012, Comparative analysis of qualitative anatomical characters of Trifolium L. (Fabaceae) and their taxonomic implications: preliminary results, *Plant Systematics &Evolution*, 298, 205-219. https://doi.org/10.1007/s00606-011-0538-8

A ESTRUTURA DO CAULE E DAS RAÍZES DE ALGUMAS ESPÉCIES DO GÉNERO ACANTHOPHYLLUM C.A. MEY CRESCENDO EM DIFERENTES CONDIÇÕES.

Resumo. Foi estudada e analisada a estrutura morfológica e anatómica do caule e das raízes de algumas espécies de plantas do género Asanthophyllum C.A. Mey, que vivem em diferentes habitats.

Nos caules das plantas, o xilema é constituído por um anel interno e 20 feixes arqueados estreitos. Os feixes anuais de xilema são mais ou menos marcadamente delineados, os lúmens dos vasos estão localizados ao longo do raio. Floema desenvolvido, estrutura em anel. A epiderme, o parênquima do córtex e a cortiça estão esfoliados. Fora do floema, existem 3-4 anéis anuais de fibras perivasculares de células pequenas e de paredes espessas, completamente diferentes das do primeiro ano. O núcleo é estreito, em forma de fenda.

A estrutura anatómica das raízes perenes de plantas de 17 espécies de p.Acanihophyllum, 2 espécies de p. Kughitangia e 3 espécies de p. Gypsophila. A grande maioria das espécies estudadas dos dois primeiros géneros tem uma estrutura radicular concêntrica e policambial. Uma caraterística distintiva das raízes das espécies consideradas (com exceção das espécies da sec. Turbinaria e A. sordidum da sec. Pleiosperma) é a ausência de tecidos mecânicos lignificados no xilema. Apenas as paredes dos vasos se tornam lenhificadas, todos os outros tecidos vivem com membranas de celulose não lenhificadas.

Palavras-chave: género, família, espécie, tipo, área de distribuição, morfologia, anatomia, caule, raiz, xilema, floema.

A informação da literatura sobre a estrutura anatómica do caule dos géneros em estudo é escassa e fragmentária. A estrutura do rebento anual de algumas espécies foi estudada por cientistas como O.N. Radkevich, B.N. Niyazov, B. Bykova, D.Yu. Tursunov, M. Musaeva e K.Z. Zakirov [1].

Os caules anuais da maior parte das espécies são omitidos por tricomas simples e glandulares, de comprimento e densidade variáveis, do tipo pedunculado-capitado ou de ambos os tipos. O contorno da secção transversal é ligeiramente oblongo-oval. A epiderme do caule em todas as espécies estudadas é de camada única, as suas células são ligeiramente tangenciais oblongas, ovais ou oval-redondas. Sob a epiderme existem 1-3 (4) camadas de células do parênquima cortical, que, em regra, contêm pequenos grãos de clorofila, o que fala a favor da participação deste tecido na fotossíntese.

Sob o parênquima do córtex do género Acanthophyllum, cuja origem não é consensual entre os investigadores, encontram-se fibras perivasculares multicamadas.

Como é sabido, o termo esclerênquima refere-se a complexos de células de paredes espessas, frequentemente lignificadas, cuja principal função é mecânica. Na maioria das vezes, as células do esclerênquima são divididas em fibras e escleródios. Ao mesmo tempo, as fibras são descritas como células longas com poros pouco visíveis de várias configurações - semelhantes a fendas, cruciformes, triangulares e outras, e as esclereidas - como relativamente curtas.

A ontogénese e a posição topográfica das fibras do xilema são geralmente bastante claras, isto é, desenvolvem-se a partir dos mesmos tecidos meristemáticos que as outras células do xilema e formam uma parte integrante deste tecido. A relação das fibras extraciliares com os sistemas de tecidos correspondentes parece ser menos simples e clara. Algumas fibras deste tipo podem ser associadas ao floema com a mesma certeza que as fibras do xilema ao xilema, e em muitas outras fibras as relações ontogenéticas são menos claras.

As fibras localizadas na parte mais externa do cilindro condutor são frequentemente designadas por fibras do periciclo. Um reciclo é entendido como um tecido que difere do tecido condutor tanto na sua posição topográfica como ontogeneticamente. No entanto, no caule da maior parte das dicotiledóneas, cuja ontogenia foi suficientemente estudada, o floema é contíguo ao córtex, não se observando entre eles qualquer tecido de separação, o que pode ser identificado com o periciclo no sentido habitual da palavra [1].

Entretanto, em trabalhos dedicados à estrutura anatómica do caule de certas espécies dos taxa que estamos a estudar, alguns autores [2] designam as fibras perivasculares localizadas entre o parênquima do córtex e do floema por periciclo multifilar, fibras com paredes lenhificadas espessadas, outros por periciclo, fibras bastantes [4], elementos fibrosos, fibras perivasculares. Como se pode ver nos dados da literatura, não há consenso entre os investigadores da família do cravinho sobre a questão da origem deste tecido [3].

Por vezes, as fibras extraciliares são combinadas num único grupo - fibras liberianas obtidas do exterior do câmbio, ou seja, da região extracambial dos caules de dicotiledóneas [1], que na maioria dos casos é constituída por fibras do floema. No nosso trabalho, utilizamos o termo "fibras perivasculares", localizadas ao longo da periferia do cilindro condutor da camada mais interna do córtex, e "fibras bast (floema)" que surgem no floema primário ou secundário.

No interior do parênquima do córtex existem 5-13 (17) camadas de fibras perivasculares de origem procambial, das quais 2-5 camadas exteriores são constituídas por células mais pequenas, mas com paredes muito espessas. As camadas interiores são formadas por células maiores, cuja espessura das paredes celulares diminui na direção do exterior para o interior.

Como sabe, o felogénio é um meristema que forma uma periderme, constituída por um felme, geralmente chamado cortiça, e depositado pelo felogénio para o exterior, e por uma feloderme, também depositada pelo felogénio para o interior, e que se assemelha ao parênquima radicular.

1. A. pungens. As paredes exteriores das células epidérmicas do caule anual do Karakum são ligeiramente espessadas, cobertas por uma fina camada de cutícula estriada (0,2-0,3 mícrones), o caule é pubescente com pêlos glandulares simples, pequenos e com capitato. Estes últimos não são indicados nos resumos sistemáticos para o diagnóstico da espécie. Os pêlos são maioritariamente de 1, raramente de 2-3 células. Sob a epiderme existem 3-4 camadas de parênquima de paredes finas do córtex, rodeadas por 10-13 camadas de fibras perivasculares, das

quais 4-6 camadas exteriores são de células pequenas e de paredes espessas. As células das camadas interiores aumentam de tamanho em direção ao floema, enquanto a espessura da parede, pelo contrário, diminui. O felogénio é colocado diretamente acima do floema sob a forma de um anel contínuo de camada única.

Com o aparecimento das primeiras células de phellem, começa a destruição das paredes das fibras perivasculares localizadas diretamente acima das suas células. A destruição prossegue em direção à periferia. Também se regista a destruição de células individuais ou de grupos de células no exterior, localizadas sob o parênquima do córtex. Quando as células são destruídas, as suas paredes transformam-se em fios de fibrilhas em ziguezague muito finos, intermitentes em alguns locais.

É de notar que, em alguns exemplares de plantas desta espécie, a destruição das células deste tecido sob a casca é mais forte do que na planta descrita acima.

O grau de desenvolvimento do feltro e a destruição das fibras perivasculares dependem das condições do habitat. Por exemplo, nas plantas do Karakum (das imediações de Repetek), estes processos começam cedo - antes da floração. Nas plantas das encostas meridionais do Dzungarian Alatau, as primeiras células do feltro formam-se em julho e não se observa a destruição das células das fibras perivasculares, o que aparentemente se deve ao início tardio da vegetação nas condições climáticas locais.

No primeiro ano de vegetação, o câmbio interno não aparece. Não ocorre em plantas perenes da região de Bukhara e Pamir-Alay. No entanto, nas condições de Tashkent, no início da estação de crescimento no segundo ano, forma-se na zona perimedular do núcleo, que forma o xilema interno e o floema [4]. O câmbio interno funciona durante 3 anos e, em cada ano de vegetação, forma-se um grupo de xilema arqueado nos lados.

Numa secção transversal de um rebento de quatro anos em plantas em condições naturais, o xilema consiste num anel de xilema contínuo do primeiro ano de vegetação, no segundo ano - de dois feixes laterais (um de cada lado) de forma arqueada, e a partir do 3º ano e anos posteriores tem uma estrutura de feixe e consiste em 8 feixes radiais longos de forma inversamente cónica, que são separados por raios parenquimatosos de várias larguras e contêm muitas drusas.

O floema jovem e a sua parte velha (exterior) no caule perene transformam-se em fibras colenquimatosas. Acima do floema (3-4 camadas) existem faixas separadas de 2-4 camadas de células de fibras perivasculares arqueadas. No exterior, encontra-se uma camada destruída deste tecido em forma de cortiça, seguida de novo por tiras (em forma de arco) de fibras perivasculares. Depois, a alternância repete-se.

2. A. lilacina. O caule anual é pubescente, com pêlos glandulares simples e capitato-pedunculados, relativamente esparsos, de 1-2 células; o contorno da secção transversal é oblongo-tetraédrico. O parênquima cortical é de 2 camadas, com uma tonalidade verde; o tecido mecânico é constituído por 5-8 camadas de fibras perivasculares, das quais 2-4 camadas exteriores são constituídas por pequenas células de paredes espessas. Na fase de brotamento, o câmbio interno já está estabelecido, o que dá origem ao floema interno e ao xilema arqueado. O núcleo é preservado sob a forma de uma lacuna. O felogénio é depositado no primeiro ano de vegetação e forma 1-2 camadas de fellema, no entanto, ao contrário de A.pungens, não se observa destruição das células do esclerênquima. Num caule com 2 anos, a epiderme, juntamente com a casca, está esfoliada. O anel do floema é muito largo; no seu centro formam-se 1-2 filas de células grandes com drusas. Fora do feltro, um tecido mecânico de 2-3 camadas é preservado, atrás dele há novamente um feltro de 2-3 camadas de células destruídas de fibras perivasculares, etc. Ao contrário de A.pungens, o tecido mecânico tem um anel contínuo. No 2º ano de vegetação, o xilema interno e o floema são depositados. O xilema no segundo ano mantém uma forma arqueada contínua. Não foram observadas alterações na estrutura do xilema no primeiro e no segundo ano. Infelizmente, devido à falta de material, o caule perene (3-4 anos de idade) não foi estudado por nós.

Assim, esta espécie difere nitidamente de A. pungens na estrutura das fibras perivasculares e do xilema.

3. A. subglabrum. Caule anual glabro ou quase glabro. O contorno da secção transversal é arredondado, o parênquima do córtex tem 2-3 camadas, as fibras perivasculares têm 4-6 camadas, 2-3 das suas camadas exteriores têm células pequenas e paredes espessas. O felogénio está presente, mas o felme ainda não está formado, e não se observa a destruição das paredes celulares do esclerênquima localizadas acima do felogénio.

Num caule perene (6 anos), o xilema no primeiro ano, como noutras espécies, é anular. A partir do segundo ano, a estrutura do xilema de cada ano consiste em 2 feixes arqueados, separados por largas faixas de parênquima nos pólos (nas extremidades)

A partir do 5º ano de vegetação, o xilema de cada ano já é formado por 4 fileiras tangenciais, separadas por faixas de parênquima radial.

Assim, num caule com 6 anos de idade, o xilema é constituído por um anel interior e 20 feixes arqueados estreitos. Os feixes anuais de xilema são mais ou menos marcadamente delineados, os lúmens dos vasos estão localizados ao longo do raio. Floema desenvolvido, estrutura em anel. A epiderme, o parênquima do córtex e a cortiça estão esfoliados. Fora do floema, existem 3-4 anéis anuais de fibras perivasculares de células pequenas e de paredes espessas, completamente diferentes das do primeiro ano. O núcleo é estreito, em forma de fenda.

Os feixes, à medida que se afastam do centro para a periferia, expandem-se naturalmente e, separando-se longitudinalmente, aumentam o seu número.

No género Acanthophyllum, um felogénio atípico é colocado no caule anual, e a cortiça (no floema típico) é formada a partir de fibras perivasculares, o que também se repete no caule perene.

Sistema condutor em espécies de caule único e perene sec. Turbinaria e A.sordidum da sec. Pleiosperma tem uma estrutura anular contínua com limites claros de incrementos anuais, o que é típico das árvores. Noutras espécies, a estrutura anular é quebrada e passa para uma estrutura em feixe a partir de 2-5 anos de vegetação, dependendo da espécie e do grupo de espécies.

No caule das espécies de p.Gypsophila, o felogénio (atípico) forma-se apenas em 2 espécies - G. diffusa e G.kraschenninikovii - apenas no 2º ano de vida; noutras espécies, o felogénio está ausente, o que difere nitidamente de p. Acanthophyllum, mas a transformação das fibras perivasculares num tampão é semelhante a outros géneros estudados.

De acordo com a estrutura do xilema do caule perene, subdividimos as espécies do género em 7 tipos condicionais:

1º tipo - "A. mucronatum. Espécie sec. Turbnaria e A. Sordidum da sec. Pleiosperma é caracterizada por uma estrutura em anel contínua do sistema condutor, a presença de crescimentos anuais de xilema, um forte desenvolvimento do libriforme, uma baixa gravidade específica (30-45%) do lúmen dos vasos, a destruição de fibras perivasculares em várias direcções após a formação do felogénio, a formação de um felme multicamada perto do caule perene e o início do feloderma de 2-3 camadas. Esta estrutura do caule é primitiva não só para o género Acanthophyllum, mas também entre todos os taxa estudados. A estrutura do xilema destas três espécies pode ser designada como a estrutura normal do caule, caraterística da maioria das plantas lenhosas.

2º tipo - "A. cyrtostegium". Caracteriza-se por uma estrutura anelar de crescimentos anuais do xilema até ao 4º-5º ano de vegetação, depois a estrutura do xilema é multifascicular (14-18), os fascículos são separados por estreitas faixas oblíquas em forma de cunha do parênquima dos raios. A estrutura do xilema deste tipo, em termos do grau de avanço evolutivo, ocupa uma posição intermédia entre "A. mucronatum" e "A. stenostegium".

3º tipo - "A. stenostegium. O crescimento anual do xilema até aos 5-6 anos de idade consiste em 2 longos feixes arqueados, separados em ambas as extremidades por largas faixas do parênquima do núcleo, depois - de 8-12 feixes. Este tipo é caraterístico dos caules de A. korshinskyi, A. brevibracteatum,

Aelatius, A. lilacinum, A.acelatum, A. krascheninnikovii, A.adenophorum, A.stenostegium de cek.Oligosperma, A. schugnanicum, A. coloratum - de sec. Pleiosperma e A. serawschanicum, A. jarmolenkii - de cek. Macrostegia. As espécies deste tipo diferem umas das outras em pormenores individuais da morfologia e anatomia do caule.

4º tipo - "A. borsezowii". Cada crescimento anual consiste em 4-6 feixes arqueados localizados diretamente junto ao anel. Os feixes laterais estão localizados um ao lado do outro até aos 5 anos de idade, depois são separados por largas faixas radiais do parênquima. Os feixes nos pólos também estão separados dos feixes laterais por bandas largas de parênquima com drusas grandes e numerosas. As espécies deste grupo podem diferir na presença ou ausência ou no número de feixes de xilema nos pólos e noutros pormenores da estrutura. A. pulchrum, A. borsczowii, A. leiostegium de cek. Oligosperma, A. glandulosum - de sec. Pleiosperma e A. korolkowii são de Macrostegia.

5 tipo - "A. tenuifolium. A estrutura é caracterizada por xilema de dois feixes de 1-2 anos c multi-feixes (8-12) do terceiro ano e anos subsequentes de vegetação. Os feixes do caule perene são colaterais, separados uns dos outros por um parênquima de raios de várias larguras. Esta estrutura é típica de A. tenuifolium, A. albidum da sec. Oligosperma e fala a favor de um maior avanço dos caracteres do seu xilema do que nas espécies anteriores.

6º tipo - "A. pungens". O xilema do 1º ano mantém uma estrutura anular, o 2º ano é formado por dois feixes arqueados separados, depois é constituído por muitos (16-18) feixes colaterais radiais inversos em forma de cunha, onde os incrementos anuais nem sempre são claramente expressos. Os feixes são separados por raios parenquimatosos de várias larguras, que, tal como os próprios feixes, se expandem para a periferia. Um exemplo é uma espécie, A.pungens. Uma estrutura semelhante é encontrada apenas na espécie com o mesmo nome e indica que é menos avançada do que A. tenuifolium e A. albidum.

7° tipo - "A. subglabrum" é caracterizado por um crescimento anual constante em arco de 4 feixes que persiste desde o primeiro até ao último ano de vegetação. Este tipo de estrutura é típico do caule de A.subglabrum.

A análise dos dados obtidos no estudo da estrutura anatómica dos caules anuais e perenes do género Gypsophila permite concluir que a diferença na estrutura do sistema condutor, especialmente o xilema, entre as gramíneas perenes e os semi-arbustos é quase impercetível.

Entre as gramíneas perenes, G.krascheninnikovii tem a estrutura de caule mais primitiva - um anel contínuo de xilema até aos 2 anos de idade, no entanto, a colocação de uma cortiça entre os crescimentos anuais de xilema é um sinal secundário e avançado, que difere acentuadamente de outras espécies e géneros. As espécies G. paniculata e G. bicolor têm um xilema colateral multifascicular separado por faixas estreitas de parênquima de raios. Outras espécies desta forma de vida têm a mesma estrutura fascicular, mas são separadas por faixas mais largas de parênquima de raios. Entre outras espécies de ambas as formas de vida, G. diffusa e G. herniarioides têm a estrutura de xilema mais primitiva com um anel contínuo de crescimento anual de xilema.

O tipo mais avançado de estrutura do xilema entre as espécies estudadas deste género é G. capituliflora com uma estrutura de 4 feixes do xilema de um caule perene. Outras espécies ocupam uma posição intermédia entre as espécies mais primitivas e as mais avançadas.

Muitos aspectos da estrutura morfológica e anatómica da raiz, padrões de formação e crescimento, diversidade e modificação, classificação e evolução, ecologia e o papel do sistema radicular na relação entre os componentes das comunidades vegetais são descritos em pormenor no livro de I.O. Baitulin "Fundamentals of rhizo- logy" [5].

Os relatórios anatómicos disponíveis [1,6] indicam que os caules e as raízes do cravinho podem ter estruturas normais e anormais. A.L.

Takhtadzhyan [7] regista a estrutura policambial dos caules e raízes em representantes da fam. Capyophyllaceae, bem como em espécies de géneros de outras famílias da ordem Centrospermae.

Os trabalhos de B.N. Niyazov são dedicados à anatomia de Acanthophyllum gypsophiloides (Allochrusa gypsophiloides) [10,11]. D.Kh. Yukhananov [13], tendo estudado a estrutura da raiz perene de 11 espécies do género Acanthophyllum (de cek.Oligosperma - A.adenophorum, A.subglabrum, A,korshinskyi, A.borsczowii, A.stenostgium; de cek.Turbinana - A. microcephalum, Plelosperma - A.knorringiana, A.sordidum, A.glandulosum; Macrostegia - A.korolkovii, A.serawschanicum; do género Allochrusa - A.gypsophiloides) distingue 5 tipos condicionais.

Tipo I - "Beta vulgaris" - a estrutura é caracterizada por camadas concêntricas de feixes colaterais, surgindo sequencialmente dos focos meristemáticos do peripículo. Este tipo de estrutura, de acordo com D. Kh. Yukhananov, é inerente ao A.glandulosum da sec. Pleiosperma e A.korolkovii da sec. macrostegia.

Tipo II - o asteroide é caracterizado por camadas concêntricas de grupos radiais separados de feixes que surgem dos focos meristemáticos do periciclo e localizados em torno da parte central da raiz. Este último, de acordo com D. Kh. Yukhananov, é observado em A. adenophorum, A. subglabrum, A. korshinskyi. A. borsczowii de sec. Oligosperma e A. knorringianum de cek. Pleiosperma

Tipo III - misto: um anel concêntrico de feixes colaterais aparece à volta da parte central da raiz, e depois forma-se uma camada de grupos de feixes localizados radialmente desde o periciclo até à periferia. A raiz de A.sienosiegium (cek. Oligosperma) tem esta estrutura.

Tipo IV - com "feixes invertidos": como resultado de um desenvolvimento incompleto, a parte dos feixes do grupo radial virada para o centro está, por assim dizer, num estado invertido. Esta estrutura radicular é observada nas secções Macrostegia - A.serawschanicum e Paniculata - A.gvpsophiloides.

O tipo V é uma estrutura secundária "normal": é caracterizada por crescimentos anuais claros de madeira com um grande número de tecidos mecânicos, com uma parte bastarda desenvolvida e cachos radiais largos. Esta estrutura da raiz foi observada na secção Turbinaria - A. microcephalum, Pleiosperma - A. sordidum.

O autor considera que o tipo "Beta vulgaris" é o original apenas porque todas as espécies caracterizadas por ele estão no início de cada secção de acordo com B.K. Shishkin [13], com o que não concordamos.

Estudámos a estrutura anatómica das raízes perenes de 17 espécies de p.Acanihophyllum, - 2 espécies de p. Kughitangia e 3 espécies de p. Gypsophila. A grande maioria das espécies estudadas dos dois primeiros géneros tem uma estrutura radicular concêntrica e policambial. Uma caraterística distintiva das raízes das espécies consideradas (com exceção das espécies da sec. Turbinaria e A. sordidum da sec. Pleiosperma) é a ausência de tecidos mecânicos lignificados no xilema. Apenas as paredes dos vasos se tornam lenhificadas, todos os outros tecidos vivem com membranas de celulose não lenhificadas.

Na estrutura das raízes de várias espécies, estabelecemos 5 tipos condicionais de xilema.

I. O tipo de "estrutura arbórea normal" - é caracterizado por vasos de origem secundária com uma disposição difusa de lacunas nos crescimentos anuais do xilema. Este tipo inclui dois subtipos. O primeiro é representado por um grande número de vasos de xilema esclerificado. Como é sabido, um subtipo semelhante de estrutura é caraterístico da maioria das plantas lenhosas. O segundo subtipo difere do primeiro pelos vasos escassamente localizados, mas por um parênquima altamente desenvolvido.

II. Tipo "misto A" - em torno da parte central da raiz existe uma cola concêntrica de feixes colaterais. Depois, em direção à periferia, forma-se uma camada do periciclo a partir de grupos de feixes dispostos radialmente. A raiz de A. surtosteium (cek. Oligosperma) tem esta estrutura.

III. Tipo "misto B" - nos primeiros 3-4 anos, em torno da parte central da raiz, formam-se anéis a partir de feixes concêntricos individuais de xilema e, depois, a partir do periciclo - grandes feixes concêntricos localizados ao longo do anel. Cada fascículo é constituído por grupos divididos radialmente em fascículos individuais estreitamente espaçados, rodeados por um floema comum. Cada um deles, por sua vez, pode ser dividido radialmente e tangencialmente devido a um aumento crescente do tamanho dos feixes (A.elatus, A. stenostegium da sec. Oligosperma)

IV. Tipo "asteroide" - caracterizado pela disposição de feixes concêntricos em anel em torno da parte central da raiz, surgindo anualmente dos focos meristemáticos do periciclo. Este tipo de estrutura foi encontrado em secções de Oligosperma em A. albidum.

V. O tipo com "feixes invertidos" - é caracterizado pela localização de parte dos feixes do grupo radial, voltados para o centro, como se estivessem em estado invertido. Esta estrutura radicular é caraterística das secções Macrostegia - A.serawschanicum e Paniculata - A.gypsophiloides.

Assim, podem ser tiradas as seguintes conclusões:

No género Acanthophyllum, um felogénio atípico é colocado no caule anual, e a cortiça é formada a partir de fibras perivasculares, o que também se repete no caule perene.

O sistema condutor em espécies de um e caules perenes de espécies da secção Turbinaria e Pleiosperma - A.sordidum tem uma estrutura em espiga contínua com limites claros de crescimentos anuais, caraterísticos de árvores. Noutras espécies, a estrutura anular é quebrada e passa para a estrutura em feixe. Do 2º ao 5º ano de vegetação, consoante a espécie e o grupo de espécies.

No caule das espécies p. Gypsophila o felogénio é formado apenas em 2 espécies G.krascheninnikovii e G. Diffusa - apenas no 2º ano de vida, noutras espécies o felogénio está ausente, o que difere nitidamente do género Acanthophyllum, mas a transformação das fibras perivasculares em cortiça aproxima-se de outros géneros estudados.

Pode assumir-se que o tipo de "estrutura secundária normal" da raiz é o inicial entre os taxa estudados, uma vez que as espécies caracterizadas por este tipo têm uma estrutura anelar contínua do xilema com um tecido mecânico desenvolvido.

"A nossa hipótese é confirmada pelo exemplo de A.pungens e A.cyrtostegium, onde o tipo de "estrutura secundária normal" no decurso da ontogénese é substituído pelo "tipo misto A" (feixe)

A maioria das espécies estudadas de Acanthophyllum e do género Kughitangia são caracterizadas por uma estrutura radicular do tipo "asteroide", que, com toda a probabilidade, tem origem no "tipo misto A" devido à transformação crescente do xilema anular numa estrutura de feixe devido a reduções no câmbio anular e ao desenvolvimento do parênquima dos raios.

O tipo "com feixes invertidos" surgiu, aparentemente, do tipo "asteroide" em resultado do desenvolvimento incompleto da parte superior dos feixes normais.

O tipo "normal" de estrutura da raiz e do caule de uma estrutura anelar contínua em A. sordidum mostra que está evolutivamente próximo das espécies das secções Turbinaria, embora esteja incluído na sec. Pleiosperma.

REFERÊNCIAS

1. Мадумаров Т.А. Морфолого-анатомическое строение представителей сапониносных родов сем. *Acanthophyllum* C.A. Меу.//автореф. дисс.д.б.н., Ташкент, 2005, стр.48.

2. Турсунов Ж.Ю. Антэкология и эмбриология сапонин/носных гвоздичных Средней Азии.// - Ташкент: Фан, 1988. - 200 с.

3. Ruzmatov E.Yu., Tuychieva D.S., Nematova S.I., Yuldashev Kh.E. ESTRUTURA MORFO-ANATOMICA DA FOLHA DE ALGUMAS PLANTAS DO GÉNERO ASANTHOPHYLLUM C.A.MEY// Journal of Pharmaceutical Negative Results, Volume 13, Número Especial 7, 2022, p. 1455-1460,

4. Мусаева М.М, Закиров К.З. Материалы по систематике рода *Acanthophyllum* C.A.Mey.S.L. - Ташкент: Фан, 1987. - 84 с.

5. Байтулин И.О. Основа ризологии. - Алматы: Ылым, 2001. - 330 с

6. Введенский А.И. *Acanthophyllum* C.А. Меу. - колючелистник//Флора Узбекистана. В 6-и т. - Ташкент: АН УзССР, 1953. Т. 2. - С. 409-415.

7. Тахтаджян А.Л. Система и филогения цветковых растений.//М.-Л.: Наука, 1966. - 611с.

8. Шишкин Б.*К.* Колючелистник *Acanthophyllum* C.А. Меу. // Флора СССР. В 30-и т. - М.-Л.: АН СССР, 1936. Т. 6. - С. 780-801.

9. Бондаренко О.Н. *Acanthophyllum* C.А. Меу. - колючелистник / Определитель растений Средней Азии. В 10-и т. - Ташкент: Фан, 1971. Т. 2. - С. 294.

10. Ниязов Б.Н. Анатомическое строение семян и листьев туркестанского мыльного корня *(Acanthophyllum gypsophiloides* Regel.) // Новые технические культуры в Узбекистане. - Ташкент: АН УзССР, 1962. - С. 3-20.

11. Ниязов Б.Н. Анатомо-морфологические особенности *Acanthophyllum gypsophiloides* Regel. (Туркестанского мыльного корня) и локализация сапонинов в его тканях: Автореф. дис. ... канд. биол. наук. - Ташкент, 1965., - 18 с.

12. Metcalfe C.R., Chalk L. Anatomy of the *Dicotyledones*. - Oxford, 1950. 640 p.

13. Юхананов Д.Х. Важнейшие гипсозиносные виды *Acanthophyllum* C.A. Mey. и их распространение в СССР//Ресурсы дикорастущих лекарственных растений СССР. - М.: Наука, 1972. б. - №. 3. - С. 141-151.

14. Завалишина С.Ф. О строении узлов у некоторых травянистых двудольных растений//Уч. зап. ЛГПИ, - Ленинград, 1966. - № 310. - С. 167-194.

15. Мадумаров Т.А., Дариев А.С. К систематическому положению двух видов рода. Kughitangia Ovcz,- K. popovii (Preobr.) Ovcz. и K.knorringiana (Schischk) Preobr//Доклады АН Узбекистана. 1991.№10.-С.50-52.

16. Матюниной Т.Е., Мусаевой М. Биология цветения и опыления некоторых представителей рода Acanthophyllum C. A.Mey// Узб. Биол. Журн.1979. №5.-С49-51.

ESTUDO DA ESTRUTURA ANATÓMICA DA RAIZ E DO TEOR DE SAPONINAS EM ACANTHOPHYLLUM ALBIDUM SCHISCHK QUE CRESCE NO VALE DE FERGHANA

Resumo. O artigo discute a estrutura anatómica da raiz de Acanthophyllum albidum Schischk que cresce em diferentes regiões do Vale de Fergana e a quantidade de saponina contida na raiz. Quanto maior for o grau de esclerificação do xilema da raiz na planta, menor será a quantidade de saponinas presentes: 13,16% (por matéria seca) nas raízes das plantas da 2ª área, 8,52% nas da 4ª área, as plantas das outras áreas ocupam um lugar intermédio com estes caracteres. A acumulação de saponinas na raiz está diretamente relacionada com o seu nível de parênquima, e com base nisto, este sinal pode ser utilizado como um método expresso para determinar a quantidade de saponinas na raiz.

Palavras-chave: Planta Acanthophyllum albidum Schischk, raiz, xilema, parênquima, composição da raiz, saponina, quantidade.

Introdução. A flora das repúblicas da Ásia Central, incluindo o Uzbequistão, é rica em plantas com saponinas. Mas, devido a factores bióticos, abióticos e antropogénicos, as suas reservas naturais estão a diminuir. Por exemplo, a espécie endémica dominante distribuída no vale de Fergana é o Acanthophyllum albidum Schischk. A sua área foi significativamente reduzida. Esta espécie encontra-se em áreas muito pequenas, apenas em alguns pontos das colinas das regiões de Fergana e Namangan. Por conseguinte, está incluída no "Livro Vermelho da República do Uzbequistão" [1, 2]. A reprodução de matérias-primas de plantas saponíneas exige a clarificação das suas áreas e um estudo exaustivo, proteção e reprodução.

Entre os sistemas, não há consenso sobre a independência de A. albidum. Por exemplo, B.K. Shishkin [3], M.M. Musaeva, Q.Z. Zakirov [4], J.Yu. Tursunov [5], T.A. Madumarov [6] reconhecem este tipo como independente. Mas A.I. Vvedensky [7,8] transferiu A. rungens para A. albidum,

O.N. Bondarenko [9] - acrescenta A. albidum a A. rungens e considera-a muito difundida em toda a Ásia Central [10]. Devido à exploração das colinas e a outros factores, a área da planta A. albidum, que se encontrava disseminada no vale de Fergana e era rica em substâncias saponínicas e muito decorativa, diminuiu, o que tornou necessária a sua proteção.

O estudo da estrutura dos órgãos vegetativos e generativos das plantas em diferentes partes do vale de Fergana permite determinar o âmbito da sua variabilidade e a norma de reação, bem como as condições ambientais ideais necessárias para a preservação das espécies.

O Acanthophyllum albidum foi descrito em 1936 por B.K. Shishkin [3] e introduzido na ciência. N.B. Bykova e J. Yu. Tursunov [11] estudaram a estrutura anatómica da folha definitiva e do caule anual desta espécie e mostraram que o mesofilo da folha é isopalisado e o caule é fortemente esclerenquimado.

M.M. Musaeva e Q.Z. Zakirov [12] consideraram A. albidum como uma espécie independente com base no estudo da anatomia de caules de plantas com 1 e 2 anos de idade retirados do habitat clássico da região de Fergana, ou seja, Kochkarchi Adir. T.A. Madumarov [7] estudou a estrutura morfológica e anatómica do género Acanthophyllum, incluindo A. albidum.

No entanto, os trabalhos acima referidos limitaram-se ao estudo de plantas colhidas num único ponto (Kochkarchi) da área de distribuição da espécie, não tendo sido estudadas plantas de outros pontos da área de distribuição.

Foi estudada a estrutura morfo-anatómica dos órgãos vegetativos e generativos das plantas em diferentes partes da área de Acanthophyllum albidum distribuída no vale de Fergana, a identificação da ecoforma mais rica em saponinas e o desenvolvimento de medidas de proteção são considerados as principais tarefas actuais.

A maioria dos aspectos da estrutura anatómica da raiz das plantas, a variedade e variabilidade das leis da sua formação e desenvolvimento, classificação e evolução, ecologia e a sua interação com os componentes da cobertura vegetal

I.O. No livro de Baitulin "Osnovy rizologii" [13] e os trabalhos à B.A. Keller [14], [15], [16] são abordados de forma exaustiva. Os dados anatómicos disponíveis em colecções mundiais [17,18,19], incluindo o sistema condutor dos caules e raízes de cravos [20], mostram que pode ter estruturas normais e anormais.

D.H. Yukhananov [21] 11 espécies de Acanthophyllum - A. adenophorum, A. subglabrum, A. korshinsky, A. borsczowii, A. stenostegium, A. microcephalum, A. knorringiana, A. sordidum, A. glandulosum, A. korolkovii, A. serawschanicum estuda a estrutura anatómica das raízes perenes e divide-as em 5 tipos condicionais. Mas a estrutura anatómica da raiz da espécie que estamos a estudar não foi estudada pelo autor.

Assim, com base na análise da literatura científica, realizámos uma investigação sobre este tema, uma vez que a literatura científica disponível não fornece informações específicas sobre a área de distribuição de A. albidum no Vale Fergana.

Objeto e tema da investigação. Acanthophyllum albidum Schischk, incluída no "Livro Vermelho" da República do Uzbequistão [1,2], pertencente à família Acanthophyllum da família Caryophyllaceae, distribuída no Vale Fergana, como objeto de investigação.

Foi estudada a parte vegetativa de A. albidum que cresce em diferentes condições do vale de Fergana, ou seja, a estrutura anatómica da raiz e a quantidade de saponina contida na raiz.

Materiais e métodos: métodos de campo, morfológicos, anatómicos, biométricos, estatísticos e analíticos.

Utilizando o método de fixação dos órgãos vegetais, foram preparadas preparações a partir das raízes e estudadas. Para amolecer as raízes, depois de ferverem durante 5-10 minutos numa solução aquosa de glicerina a 20% (dependendo da espessura), foram mantidas nesta solução durante 1-3 dias num termóstato a uma temperatura de 800C. Estas preparações foram coradas com safranina e azul de metileno. As preparações feitas a partir de todos os órgãos das plantas estudadas foram analisadas num microscópio Karl-Zeiss e as imagens foram desenhadas utilizando o aparelho de desenho RA-6.

A fim de determinar a quantidade de substância saponínica nas plantas, 25 g de amostras secas ao ar das raízes com 2 e 4 anos de idade foram colhidas em quantidades iguais, colocadas num balão de fundo redondo de 250 ml, 150 ml de metanol foram vertidos no balão e o balão foi fervido durante 2 horas num banho de água após a instalação de um frigorífico. Depois de decantado o extrato, verteu-se metanol fresco no balão, que foi novamente fervido em banho-maria durante 2 horas e decantado. Os extractos foram em seguida combinados e pesados num balão, numa balança analítica, e eluídos com metanol sob vácuo. O balão foi pesado e o resíduo seco foi determinado, sendo o resultado apresentado no quadro 1.

O resíduo seco foi analisado por cromatografia em camada fina.

Das amostras de resíduos secos, foram retirados 0,013 g, dissolvidos em 0,1 ml de água destilada, e quantidades iguais das soluções foram deixadas cair sobre a linha de partida da placa revestida de sílica-gel. Deitou-se na placa uma solução 65:35:8 de clorofórmio-metanol-água, que foi eluída colocando-a numa câmara hermeticamente fechada. Depois de as placas terem sido retiradas da câmara e secas, foram tratadas com ácido fosforoso-túngstico a 20%, aquecidas numa estufa a 1200s durante 10-15 minutos, e Yu.G. Rf foi determinado a partir de pontos na placa de acordo com o método de Kirchner [22].

No estudo, foi estudada a estrutura da secção transversal da raiz desta planta anual e perene. Na raiz do primeiro ano das plantas do grupo Chust-Pop, formam-se fibras de lub e a maior parte delas já se transformou numa vagem, no local onde a vagem se transformou completamente numa vagem, a vagem tem 10-11 filas; a estrutura primária do xilema é do tipo diarco.

A raiz de 2 anos tem uma vagem no exterior, no seu interior existem grupos de fibras lubrificantes, cuja parte principal se transformou numa vagem; o floema é bem desenvolvido, de paredes espessas, não lenhoso, a parte principal do xilema é libriforme não lenhosa (Figura-1. A,B,C).

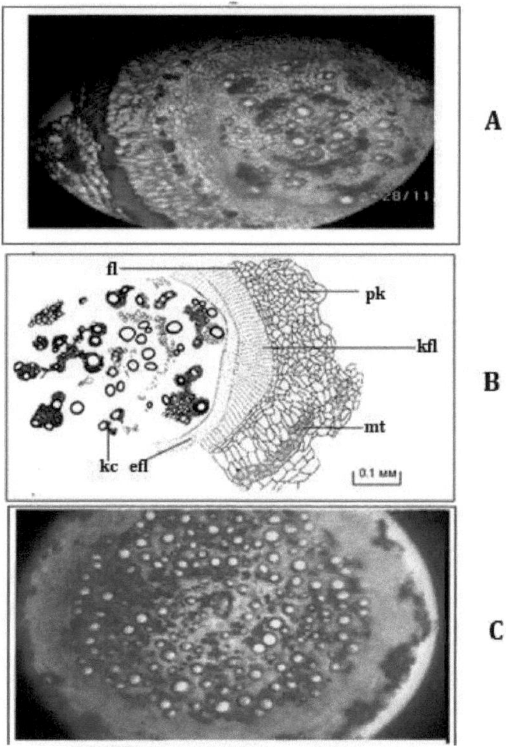

Figura 1. Estrutura da raiz
A. Bienal (fotomicrografia);
B. Bienal (regime)
C. 4 anos (microfotografia); Chust- Pop.
kd - pormenor do xilema;

No 3º ano, as filas interiores das fibras de lub, que se situam ao longo de 2 larguras do exterior e do interior, são quebradas e começam a transformar-se numa bola.

O 2º ano está mais fino e transformado numa casca. O xilema do primeiro ano distingue-se claramente, mas o dos 2-3 anos não se distingue.

No 4º ano, foram mantidos 4 anéis de fibras lubrificantes na raiz, que não se transformaram numa vagem completa. Os anéis anuais do xilema não se distinguem, estão localizados de forma difusa, 60-70% do volume da secção transversal do xilema é constituído por tubos e o restante é libriforme (Figura 2. A,B).

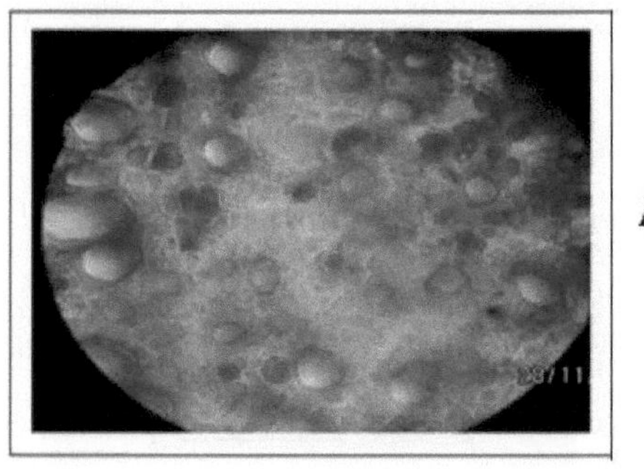

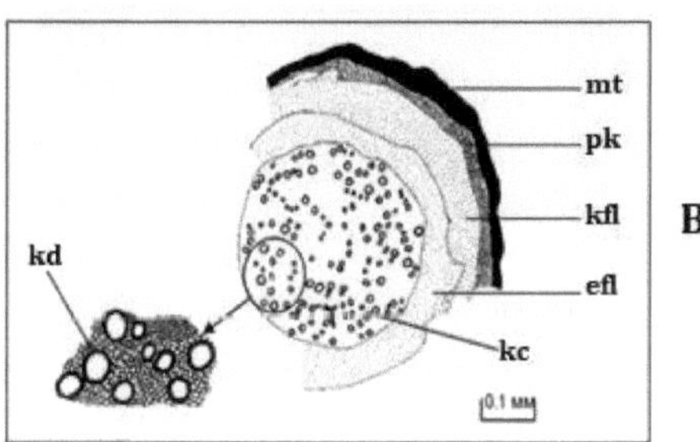

Imagem. 2. Estrutura da raiz
A. Quatro anos (microfotografia);
B. 4 anos (regime) Chust- Pop.
kd - pormenor do xilema;

No 5º ano, 70-75% do volume do xilema difuso era ocupado por tubos, 20-30% por libriformes. Mas no centro, formam-se duas faixas interiores de floema em forma de arco.

No 6º ano, formam-se dois cambiums internos arqueados em ambos os lados do xilema primário (diarca), 16-18 feixes colaterais de diferentes tamanhos formam-se fora do floema (Figura-3. A, B, C).

Até ao 6º ano, os tubos estão localizados difusamente, após o 6º-7º ano, os raios radiais com 2-3 filas de células são formados para dentro a partir do floema e estão localizados em 2 anéis adjacentes, e os dos anéis internos formam 12-14 feixes condutores colaterais o número de feixes é 18-20.

Na raiz do 8º ano formam-se muitos tubos, que ocupam 80% do volume do xilema. A diferença em relação aos anteriores é que em 6-7 anos, os 4 ligamentos condutores internos tornam-se maiores. Fora do floema

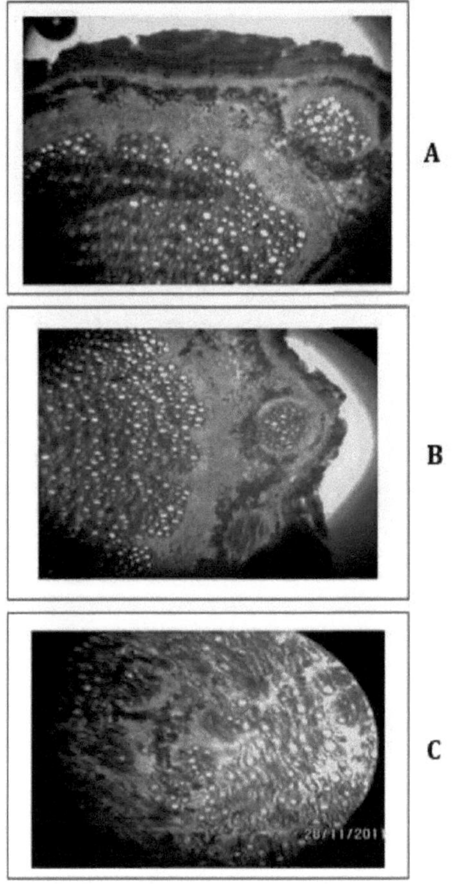

Figura 3. Estrutura da raiz (fotomicrografia)

A, B, C. 6-7 anos; (Pop-Chust).

O número de 18-20 feixes mantém-se inalterado. Fora da raiz da planta-mãe sanguessuga, tal como nas plantas Chust-Pop, forma-se uma vagem com várias fileiras já no 1.º ano, as células são relativamente radiais, de células grandes e de paredes espessas, mas não lenhificadas, floema velho sob o felogénio, depois floema jovem, no centro do xilema encontra-se a estrutura primária da raiz - xilema diarco, que é rodeado por xilema secundário de ambos os lados.

No 2º ano, as fibras de lub estão localizadas ao longo do pescoço, algumas delas estão pulverizadas, as restantes são bandas estreitas semelhantes a almofadas, o floema e o xilema jovens estão divididos em 2 grupos em ambos os lados do xilema do 1º ano.

No 3º ano, as fibras de lub na raiz estão totalmente pulverizadas, por baixo dela, o floema velho de paredes espessas, o floema jovem e o xilema no interior, e o xilema diarco primário no centro começam a decompor-se. Os tubos do xilema estão dispersos, todos os tubos são em espiral e o xilema ocupa 20-30% do volume da secção transversal.

Em 4-5 anos, o xilema da raiz é composto por numerosos grupos densamente dispostos em 2-4 anéis ao redor do centro, o primeiro anel interno consiste em 1-2 ligamentos condutores internos; A parte principal das fibras lub em 2 anéis está corroída, o restante está localizado na forma de faixas individuais diretamente sob o anel da vagem, sob ele é floema antigo, dentro é floema e xilema jovens. É difícil separar o crescimento anual do xilema,

A partir do 2º ano, os tubos nos grupos de xilema estão uniformemente dispersos. No xilema dos anos seguintes, os tubos são mais densos em comparação com os dos 1-2 anos, e constituem 60% do volume do xilema. A área principal do xilema de 1-2 anos é libriforme. Gradualmente, o floema começou a envolver grupos de tubos, o que significa que os feixes concêntricos serão formados no futuro.

A forma da secção transversal da raiz perene é alongada, oval; Na raiz de cinco anos, o floema começou a envolver o xilema do 1º ano. O resto do xilema é dividido em 3-5 grupos, mas cada grupo, por sua vez, começa a dividir-se em vários pequenos grupos. As fibras lubrificantes estão entrelaçadas com a pele. No centro da raiz de algumas plantas deste grupo, nos próximos 5-6 anos, forma-se um feixe concêntrico, cuja parte principal é podada; além disso, no centro há um feixe de xilema com pequenos 4-5 tubos. Em ambos os lados do centro, começou a separação em grupos concêntricos, ou seja, uma estrutura multi-conectada.

Na raiz da planta Mindon, no 1º ano, formaram-se 5-7 filas de vagens com células grandes, semelhantes às das plantas anteriores.

A casca de 2 anos é irregular, na forma de bandas arqueadas de vários tamanhos, localizadas ao longo de um anel contínuo com tecido mecânico, os tubos do xilema consistem em pequenos grupos densos, os tubos ocupam 20-25% do volume da secção transversal do xilema.

No 3º ano, as vagens do ano anterior são preservadas, o floema é expandido e este sinal difere dos grupos anteriores. Os tubos do xilema são constituídos por pequenos grupos. A maior parte da área do xilema é ocupada por libriformes. Os tubos condutores são constituídos por proto- e metaxilema (espiral, malha, por vezes também se encontram elementos porosos).

No 4º ano, formam-se fibras de lub, mas em muitos locais do anel, transformaram-se em vagens contínuas de 5-10 filas. Os tubos são muito poucos, o floema interno e o xilema estão a começar a formar-se no centro. Os tubos ocupam 30% do volume do xilema, o resto é libriforme. Por isso, à volta do protoxilema diarco, tal como no caule, começam a formar-se ligamentos condutores internos. Os grupos exteriores do xilema são colaterais, formam-se feixes concêntricos fora do centro apenas num dos lados.

Em 5 anos, as ligações condutoras internas foram salvas. Os feixes condutores externos estão divididos em 8-10 grupos colaterais, mas 2-3 dos grupos são arqueados, grandes, e os restantes são pequenos, cónicos, o floema é formado no lado interior da maioria dos feixes externos. Formam ligamentos radiais.

Ao redor do centro da raiz de 6 anos, os feixes de xilema estão dispostos em três camadas, e o xilema interno está bem desenvolvido. Existem 12 feixes no exterior, 10 no interior, 6 à volta do centro, ou seja, o seu número aumenta para o exterior. Uma ligação concêntrica é rara.

Fora da raiz de 1 ano da planta Chimyon, em contraste com a de Mindon, a epiderme e o parênquima da casca são preservados, 2 (3) fileiras de vagens são formadas sob o tecido mecânico, floema e xilema disperso estão localizados no interior.

Na raiz do 2º ano, existem 5-8 filas de vagens, até 10 filas em alguns locais, o floema está localizado no interior. Os tubos estão espalhados, o volume principal da secção transversal da raiz é ocupado pelo floema. As células estão localizadas em filas relativamente radiais. Os tubos ocupam 50% da área da secção transversal do xilema, o resto (50%) é libriforme. Por vezes, forma-se um feixe concêntrico de 2-3 estrias. O floema e o xilema estão localizados ao longo do anel condicional. No final do 2º ano e no início do 3º ano de vegetação, formam-se dois anéis de fibras lubrificantes no exterior, mas na maioria dos locais do 2º ano transformaram-se completamente em vagens, e as fibras lubrificantes intactas permanecem sob a forma de fitas curtas. O anel de fibras lubrificantes do 3º ano está completamente preservado. As paredes das células velhas do floema localizadas no seu interior, tal como as dos outros grupos, são espessas, mas não lenhificadas (isto é, colenquimatosas). Aproximadamente 50% da área da secção transversal do xilema é ocupada por tubos, e os restantes 50% são ocupados por libriformes não lenhificados.

Na raiz de 4 anos, as fibras da polpa de 3 anos transformaram-se em vagens, apenas pequenas tiras de fibras de polpa são preservadas aqui e ali, e o seu anel está ligado à polpa da vagem. 50-70% do volume do xilema é ocupado por libriformes, 50-30% por tubos.

No exterior da raiz de 5-6 anos, as fibras do ano anterior e 4 filas de vagens são preservadas. Em torno do xilema primário (diarca) no centro, como no caule, o câmbio interno dá 3 floema interno arqueado, e o xilema externo forma 2 a 4 feixes arqueados em ambos os lados do centro, o resto está espalhado, o último ano é muito numeroso - até 18-20 pequenos feixes colaterais consiste em Um feixe concêntrico de tamanho médio foi formado apenas em um lado do pólo. Os tubos ocupam 40-45% do volume do xilema, o resto é constituído por floema interno e libriforme.

Não existem feixes concêntricos no xilema de muitas raízes com 8-9 anos, mas debaixo da vagem - no floema antigo, formam-se 10-12 feixes concêntricos com 3-4 pequenos tubos.

Na raiz dos anos seguintes, parte dos feixes internos de xilema tornaram-se concêntricos.

A estrutura da secção transversal da raiz do primeiro ano da planta da montanha Khurjun é quase a mesma que a do grupo Leech, apenas - a vagem é ligeiramente mais espessa - 5-8 linhas.

Vagem do ano 2 armazenada no exterior. Ao longo do anel encontram-se bandas de fibras lubrificantes, não sendo possível separar o xilema anual.

Na raiz de 3 anos, o xilema externo consiste em 2-3 grandes grupos arqueados localizados ao longo do anel, mas o xilema anual não pode ser separado. As fibras de lubrificação são desenvolvidas. Um câmbio interno formou-se no centro e deu origem a 1 - (2) feixe condutor interno.

Na raiz do 4º ano, existem dois grupos de fibras lubrificantes, um remanescente da polpa é preservado fora dela e 3-4 ligamentos condutores internos são formados no centro. Tanto os feixes de xilema à volta do centro como os feixes de xilema interiores estão unidos em dois grandes grupos, e formam-se 3 feixes colaterais condutores no exterior

No centro da raiz de 5 anos (em torno do xilema diarco), o número de ligamentos condutores internos é de 5-6, os ligamentos sob o floema estão localizados em seu próprio grupo. Fora do floema antigo - sob a vagem, formam-se 10-12 ligamentos colaterais condutores.

No 6º ano, 4-7 feixes condutores internos foram formados em torno do xilema primário no centro da raiz, e os restantes foram divididos em dois grupos. O número de ligações no floema antigo é de 12-14, das quais 2-3 são concêntricas. O número de ligações condutoras externas é de 24-28.

Na raiz de 6-8 anos, 6-8 dos que estão fora do floema transformaram-se em feixes concêntricos.

Numa raiz com 10-12 anos de idade, cada feixe condutor externo é dividido em partes radiais em forma de ponto com a ajuda de raios radiais, e o seu número atinge 24-26; apenas no centro existem 8 feixes de xilema interno e 14 feixes à sua volta (dentro do floema), o número total é 22, a maioria dos feixes formados no floema antigo tornaram-se feixes concêntricos.

Assim, a análise dos resultados da investigação da estrutura transversal da raiz de ecoformas vegetais retiradas de diferentes locais levou à seguinte conclusão.

Uma caraterística das diferentes ecoformas de A. albidum distribuídas no vale de Fergana é a incapacidade de determinar o crescimento anual do xilema na secção transversal da raiz e a disposição difusa dos tubos no xilema da raiz de um ano. observa-se uma violação do crescimento anual. Esta estrutura de um caule e de uma raiz anuais é, como se sabe, típica da estrutura de um caule e de uma raiz lenhosos. No entanto, a partir de 2-3-4-5 anos, observa-se que a estrutura de crescimento anual do xilema em diferentes ecoformas é diferente [23]. Por exemplo, na raiz das plantas do 3º campo (Suluk-ota) de A. albidum, no 2º-3º ano, formam-se 2 grandes grupos, no 3º ano - 6-8 partes, e no 4º ano, feixes com tubos dispersos unem-se em 3 grandes grupos, cada grupo por sua vez, vemos que é composto por grupos mais pequenos localizados perto uns dos outros.

A estrutura da raiz das plantas do 4º campo (Khurjun) é semelhante à das plantas do 3º campo (Suluk-ota), exceto que no centro da raiz de 4-5 anos existem ligamentos colaterais internos formados a partir do câmbio interno e as paredes das células libriformes são espessadas. Nas raízes destas duas ecoformas, o número de ligações típicas do xilema e de ligações colaterais externas (formadas na parte exterior do floema antigo) e (se existirem) concêntricas aumenta de ano para ano, ou seja, os grupos de plantas de colina dividem-se em várias partes mais cedo do que o xilema; As ecoformas da Zona 1 (Chust-Pop) mantêm um arranjo difuso de tubos no xilema até aos 4-5 anos e, a partir dos 5-6 anos, dividem-se em partes de diferentes números, formas e tamanhos e feixes concêntricos (se existirem) localizados em 2-3 anéis e mudam para uma estrutura multigrupo.

Se partirmos do princípio que as condições ambientais externas têm menos influência no órgão subterrâneo - raiz do que no caule, então nas plantas de 1 - (Chust-Pop), 3 - campo (Suluk-ota) forma-se o câmbio interno, e a produção de ligamentos internos começa a partir dos 3-4 anos de idade, o que pode ser considerado um dos sinais de parentesco próximo. As plantas de 2 campos (Mindon-Chimyon) distinguem-se de outros taxa pela formação do câmbio interno na raiz no 4º ano; a planta de 4 campos (Khurjun) distingue-se pela formação deste tecido muito cedo - em 2-3 anos. Assim, também aqui se observa uma aceleração da formação deste sinal aquando da subida da colina para a montanha. Assim, existe uma correlação correta entre a estrutura dupla do crescimento anual do xilema do caule, o período de preservação da estrutura do xilema da raiz e o período de formação do câmbio interno no xilema, com algumas excepções. Nas raízes perenes de outros grupos que não as plantas Mindon, os feixes condutores internos ocupam 25-40% do volume do xilema, e 60-75% do xilema típico. Os ligamentos condutores internos estão localizados em 2-3 anéis condicionais, os ligamentos colaterais num anel, numerosos ligamentos colaterais pequenos na parte externa do floema antigo estão localizados no anel mais externo. As ecoformas das colinas - 1 - (Chust-Pop) e 2 - (Mindon-Chimyon) dos campos libriformes não têm madeira de todo - não têm lenhina, a montanha 3 - (Suluk-ota) e

4 - (Khurjun) é arborizada nas ecoformas dos campos: 3 - muito lento no campo,

4 - no terreno - forte.

O xilema das raízes de 4 anos das plantas de Mindon é altamente parenquimático, e foi incluído no tipo "falsa Veta vulgaris", porque existem ligamentos colaterais internos e externos em torno do xilema de 1 ano. Uma preservação relativamente longa (5-6 anos) da estrutura secundária do xilema radicular nas plantas do campo 1 (Chust-Pop) é um dos sinais da sua adaptação a um nível mais elevado do que outras ecoformas vegetais. De acordo com a estrutura do xilema e do floema da raiz de 4 anos, as plantas da 2ª área (Mindon-Chimyon) ocupam um lugar entre as plantas da 1ª, 3ª e 4ª áreas em termos de nível de adaptação. Nos grupos de plantas estudados, existe uma correlação inversa entre o nível de lenhificação (esclerenquimatização) do xilema da raiz e a quantidade de saponinas.

As saponinas foram isoladas pela primeira vez em 1819 da planta do sabão, pertencente à família dos cravos, e a substância fortemente espumosa foi denominada saponina (lat. sapo - sabão). A substância saponina encontra-se nos órgãos acima do solo de plantas que crescem em diferentes condições climáticas (pertencentes à família das hortelãs, flores de milho, malmequeres, dioscorea e aralia), e órgãos acima do solo (angusvonagul, flores de rabo de vaca), insectos, abelhas, alguns animais, cobras e sanguessugas.

As saponinas são compostos orgânicos de elevada molecularidade química e estrutura complexa, cuja composição química foi estudada em pormenor. Tal como os glicosídeos, a molécula de saponina também é constituída por um hidrato de carbono e uma aglicona, ou seja, por partes denominadas sapogenina.

De acordo com a estrutura da parte aglicona, as saponinas dividem-se em saponinas com uma estrutura esteroide e saponinas com um resíduo triterpenóide. As plantas que contêm saponinas triterpénicas são extremamente comuns e são espécies pertencentes às famílias do sedum, sedum, cravo, hortelã, aralia e sedum.

Na fase seguinte da investigação, tentou-se determinar a quantidade de saponinas triterpénicas na raiz de Acanthophyllum albidum e a sua dependência do local de extração.

Para este efeito, foram colhidas amostras de raízes de A. albidum com 2 e 4 anos de idade em 6 locais do Vale de Ferghana, constituídos por zonas montanhosas e montanhosas com diferentes condições climáticas (Montanha Khurjun, Suluk-ota, Pop, Chust e Chimyon, Mindon) e cultivadas ao ar. Após a secagem, a quantidade de resíduo seco foi determinada por extração. De acordo com os resultados da experiência, observa-se que o rendimento do resíduo seco aumenta da zona montanhosa para a zona montanhosa e quase duplica quando se passa de 2 anos para 4 anos (Quadro 1).

Quadro 1

Aumento do teor de saponinas nas ecoformas de plantas *de Acanthophyllum albidum* em função da idade e do local de crescimento

№	Locais de amostragem		2 anos		4 anos		R_f
			g	%	g	%	
	Nome	regiões					
1	Montanha Khurjun,	Montanha	1,05	4,2	2,13	8,52	0,44
2	Suluk-ota,		1,30	5,2	2,75	10,96	0,44
5	Pop,	colina	1,43	5,7	2,96	11,84	0,44
3	Chust		1,40	5,6	2,97	11,88	0,44
4	Chimyon		1,45	5,8	2,99	11,96	0,44
6	Mindon		1,5	6,0	3,29	13,16	0,44

Esta situação pode ser considerada devido ao início tardio e ao fim mais precoce do período vegetativo nas zonas montanhosas, à temperatura relativamente baixa e ao efeito da duração do dia no processo de fotossíntese, porque a diminuição da quantidade de hidratos de carbono sintetizados leva a uma diminuição da quantidade de saponina. Nas zonas montanhosas, observa-se o contrário.

Em muitas literaturas [1,3,24,25,26,27,28,29,30,31,32,33], de acordo com os dados, independentemente da planta de onde se obtém a saponina, a parte triterpenóide da sua molécula permanece inalterada [34,35,36,37], a principal alteração depende da estrutura e da quantidade da parte de hidratos de carbono. Além disso, a composição química das espécies de A. albidum, especialmente a parte dos hidratos de carbono, não foi muito estudada [38,39,40,41,42,43,44,45,46]. Se a composição química da espécie A. albidum fosse analisada em comparação com outras espécies pertencentes a este género, seria mais claro que se trata de uma espécie separada.

71

A análise dos resultados da análise TLC do resíduo seco obtido indica que estes grupos de plantas estão intimamente relacionados, independentemente do local onde as amostras de plantas foram colhidas. Este facto é comprovado pela uniformidade das manchas no cromatograma apresentado na figura e pela igualdade do valor Rf. A uniformidade da superfície das manchas mostra que a composição química das saponinas recolhidas nas raízes dos grupos de plantas, independentemente do local do seu crescimento, não é afetada pelo ambiente. Assim, indica que a substância saponina, que é um componente constitucional, é necessária para o crescimento normal da planta.

Assim, resumindo os resultados da experiência sobre o estudo da composição química da parte radicular de A. albidum, podemos chegar à seguinte conclusão. Como resultado do início tardio do período vegetativo nas regiões altas em comparação com o da região montanhosa, como resultado da influência da baixa temperatura e da duração do dia no processo de fotossíntese, as plantas de A. albidum da 3ª e 4ª ecoformas de campo diminuem a quantidade de hidratos de carbono sintetizados na raiz, o que leva a uma diminuição da quantidade de saponina. Nas zonas montanhosas, observa-se o contrário.

A cromatografia em camada fina da saponina extraída das raízes de grupos de A. albidum mostra que a composição química da saponina recolhida não é afetada pelo ambiente, independentemente do local onde as amostras de plantas foram recolhidas, indicando que a saponina é um componente constitutivo do crescimento normal das plantas. Um estudo pormenorizado da composição química da substância saponina obtida de A. albidum com métodos modernos de investigação física esclareceria a posição sistemática destas espécies.

A quantidade de matéria seca obtida das raízes depende do local onde as plantas vivem, e é útil para determinar as categorias de espécies e subespécies. O símbolo da cromatografia em camada fina é estável e é utilizado em categorias sistemáticas relativamente elevadas, ou seja, na identificação de géneros e secções de géneros.

REFERÊNCIAS

1. Ўзбекистон Республикаси "Қизил китоби". 2 томда. - Тошкент: Chinor ENK, 2006. Т.1.- 209 б.

2. Ўзбекистон Республикаси "Қизил китоби". 2 томда. - Тошкент: Chinor ENK, 2009. Т.1. - 224 б.

3. Шишкин Б.*К.* Колючелистник *Acanthophyllum* С.А. Меу. // Флора СССР. В 30-и т. - М.-Л.: АН СССР, 1936. Т. 6. - С. 780-801.

4. Musaeva M.M., Zakirov K.Z. Materiais sobre a taxonomia do género Acanthophyllum S.A. Mey.S.L. - Tashkent: Fan, 1987 .-- 84 p.

5. Tursunov Zh.Yu. Antecologia e embriologia de cravos-da-índia portadores de saponina da Ásia Central. - Tashkent. Fan, 1988 .-- 200 p.

6. Мадумаров Т.А. Морфолого-анатомическое особинности представителей родов *Acanthophyllum* С.А. Меу. *Allochrusca* Bunge и *Drypis* MICH. yex L. в связи с их систематикой: Автореф. дис. ... канд. биол. наук. - Ташкент, 1989. - 18 с.

7. Мадумаров Т.А. Морфолого-анатомическое строение представителей сапониноносных родов сем. *Caryophyllaceae* Juss: Дис. ... докт. биол. наук. - Ташкент, 2005. - 269 с.

8. Введенский А.*И.* *Acanthophyllum* С.А. Меу. - колючелистник / Флора Узбекистана. В 6-и т. - Ташкент: АН УзССР, 1953. Т. 2. - С. 409-415.

9. Bondarenko O.N. Acanthophyllum С.А. Mey. - cardo / Chaves de plantas da Ásia Central. Em 10 volumes - Tashkent: Fan, 1971.Vol. 2.

10. Определитель растений Средней Азии. В 10-и т. - Ташкент: Фан,

1971. Т. 2. - С. 294-310.

11. Быкова Н.Б., Турсунов Д.Ю. К анатомии колючелистников / Морфологическая эволюция высших растений. - М.: МОИП, 1981. - С. 20-22.

12. Мусаева М.М, Закиров К.З. Материалы по систематике рода *Acanthophyllum* C.A.Mey.S.L. - Ташкент: Фан, 1987. - 84 с.

13. Байтулин И.О. Основа ризологии. - Алматы: Ғылым, 2001. - 330 с.

14. Келлер Б.А. Растения и среда. Экологические типы и жизненные формы / Растительность СССР. В 6-и т. - М.-Л.: АН СССР, 1938. Т. 1. - С. 560-590.

15. Келлер Б.А. Явления крайней солеустойчивости у высших растений в дикой природе и проблема приспособления / Растения и среда. В 6-и т. - М.-Л.: АН СССР, 1940. Т. 1. - С. 193-215.

16. Келлер Б.А. Основы эволюции растений. - М.-Л.: АН СССР, 1948. - 208 с.

17. Crow E. The systematic significance of seed morphology in *Sagina* (*Caryophyllaceae*) under scanning electron microscopy // Brittonia, 1979. - Vol. 31 (1). - P. 52-63.

18. Metcalfe C.R., Chalk L. Anatomy of the *Dicotyledones*. - Oxford, 1950. 640 p.

19. Paliwal G.S. Structure and ontogeny of stomata in some *Caryophyllaceae* // Phytomophology, 1966. - Vol. 16 (4). - P. 301-305.

20. Solereder H. Systematische anatomie der *Dycotyledones*. - Stutgart, 1899. - 94 p.

21. Юхананов Д.Х. Важнейшие гипсозиносные виды *Acanthophyllum* C.A. Mey. и их распространение в СССР / Ресурсы дикорастущих лекарственных растений СССР. - М.: Наука, 1972. б. - №. 3. - С. 141-151.

22. Агзамов М.А., Исаев М.И., Мальцев И.И., Горовиц М.Б., Абубакиров Н.К. Тритерпеновые гликозиды *Astragalus и* их генины // Химия природных соединений. - Ташкент, 1988. - № 6. - С. 882-883·

23. Аманмурадов К., Танюрчева Т.Н. Тритерпеновый гликозид из *Acantophyllum adenophorum* // Химия природных соединений. - Ташкент, 1969. - № 4. - С. 362.

24. Арифходжаев А.О. Полисахариды сапониноносных растений: IX. Структура олигосахаридов из глюкогалактана *Allochrusa gypsophiloides* // Химия природных соединений. - Ташкент, 1996. - № 4. - С. 534-536.

25. Арифходжаев А.О. Полисахариды сапониноносных растений: X. Исследование углеводов *Acanthophyllum pungens* // Химия природных соединений. - Ташкент, 1997. - № 5. - С. 693-695.

26. Арифходжаев А.О., Рахимов Д.А. Полисахариды сапониноносных растений: IV. Структура глюканов А, В и С *Biebersteinia multifida* // Химия природных соединений. - Ташкент, 1993. - № 2. - С. 183-191.

27. Бухаров В.Г., Карнеева Л.Н. Строение нутанозида // Химия природных соединений. - Ташкент, 1971. - № 4. - С. 412-416.

28. Бухаров В.Г., Карнеева Л.Н. Тритерпеновые гликозиды *Dianthus deltoides* // Химия природных соединений. - Ташкент, 1974. - № 4. - С. 420-424.

29. Векслер Н.Г. Опыт культуры "мыльного корня". - Ташкент: Сонат, 1939. - 69 с.

30. Ганенко Т.В., Исаев М.И., Луцкий В.И., Семенов А.А., Абдуллаев И.Д., Горовиц М.Б., Абубакиров Н.К. Тритерпеновые гликозиды и их генины из *Thalictrum foetidum:* III. Строение циклофоетозида А // Химия природных соединений. - Ташкент, 1986. - № 1. - С. 66-71.

31. Давидянц Э.С., Путиева Ж.М., Бандюкова В.А., Абубакиров Н.К. Тритерпеновые гликозиды *Silphium perforatum:* III. Строение сильфиозида

Е // Химия природных соединений. - Ташкент, 1984. - № 6. - С. 750-753.

32. Давидянц Э.С., Путиева Ж.М., Бандюкова В.А., Абубакиров Н.К. Тритерпеновые гликозиды *Silphium perforatum:* V. Строение сильфиозида А // Химия природных соединений. - Ташкент, 1986. - № 1. - С. 63-66.

33. Υевстратова Р. И., Шейченко В.И., Пакальн Д.А. Тритерпены *Astragalus dasyanthus:* I. О строении дазиантогенина // Химия природных соединений. - Ташкент, 1981. - № 1. - С. 102-103.

34. Завиададзе Л.Д., Деканосидзе Г.Е., Кемертелидзе Э.П. Тритерпеновые гликозиды *Cephalaria gigantea* // Химия природных соединений. - Ташкент, 1983. - № 3. - С. 423.

35. Исаев М.И., Горовиц М.Б., Абубакиров Н.К. Тритерпеновые гликозиды *Astragalus и* их генины: XXVIII. Циклоартаны *Astragalus babatagi* // Химия природных соединений. - Ташкент, 1988. - № 6. - С. 880-882.

36. Искендеров (Iskenderov) Г. (Gaibverdi) Б. (Bashirovich), Мусаева (Musaeva)С. (Saida) Ш. (Shamilovna) ХИМИЧЕСКОЕ ИССЛЕДОВАНИЕ ТРИТЕРПЕНОВЫХ ГЛИКОЗИДОВ ЯГОД ПЛЮЩА ОБЫКНОВЕННОГО // Химия растительного сырья, 2015. № 3. С. 193-197. URL: http://journal.asu.ru/cw/article/view/561.

37. Лупанова И.А. и др. Тритерпеновые гликозиды - перспективный класс природных соединений для создания новых фитопрепаратов//Сибирский медицинский журнал, 2011 г., №6.

38. Олейникова Г.К., Кузнецова Т.А., Калиновский А.И., Стоник В.А., Υеляков Г.Б. Голотурин A_1 - новый тритерпеновый гликозид голотурии *Holothuria floridina* // Химия природных соединений. - Ташкент, 1981. - № 1. - С. 101-102.

39. Еделев Д.АЮдина., Т.П., Новак С.А., Фролова Г.М., Черевач Е.И. Растительные тритерпеновые гликозиды (сапонины) - натуральные пищевые эмульгаторы// ПИЩЕВАЯ ПРОМЫШЛЕННОСТЬ, 2012 г., №7,

стр. 50-53.

40. Путиева Ж.М., Кондратенко Yе.С., Абубакиров Н.К. Тритерпеновые гликозиды *Acanthophyllum paniculatum* // Химия природных соединений. - Ташкент, 1972. - № 5. - С. 680-681.

41. Путиева Ж.М., Мжельская Л.Г., Кондратенко Yе.С., Абубакиров Н.К. Тритерпеновые гликозиды *Acanthophyllum gypsophiloides* // Химия природных соединений. - Ташкент, 1970. - № 4. - С. 486-487.

42. Стоник В.А., Макарьев Т.Н., Антонов А.С., Yеляков Г.Б. Стероидные гликозиды из губки *Mycale purpurea* // Химия природных соединений.   -
Ташкент, 1981. - № 1. - С. 104.

43. Тахтаджян А.Л. Система и филогения цветковых растений. - М.-Л.: Наука, 1966. - 611с.

44. Тимбеков А.Э., Абубакиров Н.К. Тритерпеновые гликозиды люцерны: III. Медикозид I // Химия природных соединений. - Ташкент, 1986. - № 5. - С. 607-610.

45. Тимбеков А.Э., Абубакиров Н.К. Тритерпеновые гликозиды люцерны: IV. Медикозид I // Химия природных соединений. - Ташкент, 1986. - № 5. - С. 610-613.

46. Чирва В.Я., Кинтя П.К., Чебан П.Л. Тритерпеновые гликозиды из *Gypsophilla acutofolia* // Химия природных соединений. - Ташкент, 1970. - №
4. - С. 487-488.

Rozmatov Ergashali Yuldashevich
Nasceu a 4 de maio de 1970.
Candidato a professor de ciências biológicas,
professor associado.

Em 1988, licenciou-se com distinção no internato artístico n.º 8 do distrito de Izboskan, na região de Andijan.

Em 1994-1999, licenciou-se com distinção na Faculdade de Química e Biologia da Universidade Estatal de Andijan.

Em 2012, defendeu a sua tese de doutoramento com o tema "Estudo morfológico-anatómico de *Acanthophyllum albidum Schischk. nas condições do vale de Fergana"*.

Em 2012-2015, foi diretor do departamento "Ecologia e Botânica". Atualmente, é professor associado deste departamento.

Publicou 4 livros de texto, 8 manuais de formação e 12 manuais de metodologia, 5 DGU (programas criados para máquinas de computação eletrónica), 2 monografias e mais de 100 artigos científicos.

Tukhtaboeva Feruza Murotovna,
Nascido em 13 de abril de 1971. Ciências biológicas i candidato i, professor associado.

Em 1988, concluiu o ensino secundário na escola n.º 9 no distrito de Shahrikhan, região de Andijan.

Em 1988-1993, licenciou-se na Faculdade de Biologia da Universidade Estatal de Andijan.

Em 2007, concluiu a sua tese de bacharelato.

Em 2016, recebeu o seu diploma de associado.

Atualmente, é professor associado no Departamento de Genética e Biotecnologia da Universidade Estatal de Andijan.

Tukhtaboeva Feruza Murotovna publicou 1 livro didático, 10 livros didácticos e panfletos, mais de 65 artigos científicos e 5 testemunhos de modelos úteis.

Toychieva Dilfuza Sidikjonovna,
Nasceu em 6 de abril de 1966 em Tashkent.
Candidato a Ciências Biológicas, professor.

Em 1988, licenciou-se em química e biologia no Instituto Pedagógico Estatal de Andijan.

Em 1994, defendeu a sua tese de doutoramento em 03.00.25 - Biologia Celular no Instituto de Investigação Bioquímica da UzFA.

Em 2023, recebeu o diploma de professor em Biologia Celular.

De 2010 a 2018, trabalhou como chefe de departamento na Universidade Estatal de Andijan.

Atualmente, trabalha como professor no Departamento de Genética e Biotecnologia da Universidade Estatal de Andijan.

Toychieva Dilfuza Sidikjonovna é autora de 2 livros de texto, 10 manuais de formação, 7 manuais metodológicos, 2 monografias, mais de 165 artigos científicos e resumos, e tem 7 testemunhos de modelos úteis.

Printed by Books on Demand GmbH, Norderstedt / Germany